EXPOSITION

DU

SYSTÈME MÉTRIQUE

DES POIDS, MESURES ET MONNAIES

FRANÇAIS,

APPLIQUÉ AU CALCUL DÉCIMAL ;

OUVRAGE

DIVISÉ EN DEUX CHAPITRES ET DOUZE LEÇONS

PAR DEMANDES ET PAR RÉPONSES ;

Avec des opérations figurées et des tableaux synoptiques à la portée des commerçans, des habitans des campagnes, et généralement de toutes les classes de la société, l'extrait des lois concernant les poids et mesures, la tolérance en plus ou moins, d'après les décisions ministérielles, le tarif des droits de vérification et de poinçonnage de chacun d'eux ;

ORNÉ DE CINQ PLANCHES ;

PAR

JEAN-FRANÇOIS-GASPARD PALAISEAU,

Ancien comptable aux armées d'Égypte, d'Allemagne, d'Espagne, de Prusse, de Portugal, de Danemarck, de Suède ; ancien employé supérieur de différentes administrations ; auteur de la *Métrologie universelle, ancienne et moderne* ; de l'*Encyclopédie commerciale*, d'un nouveau *Traité d'arithmétique décimale*, d'une partie du *Traité des changes et arbitrages de banque*, dédié à la Banque de France ; du *Guide des négocians, marchands et fabricans*, [illegible] ; du *Vérificateur des comptes*, etc., etc.

PRIX : 2 FRANCS

A PARIS, CHEZ L'AUTEUR,

RUES DE LA CALANDRE, N° 37, — D'ANJOU SAINT-HONORÉ, N° 6, — DU 29 JUILLET, N° 6 ;

ET CHEZ LES PRINCIPAUX LIBRAIRES.

AOUT 1831.

EXPOSITION

DU

SYSTÈME MÉTRIQUE

DES POIDS, MESURES ET MONNAIES

FRANÇAIS.

EXPOSITION

DU

SYSTÈME MÉTRIQUE

DES POIDS, MESURES ET MONNAIES

FRANÇAIS,

APPLIQUÉ AU CALCUL DÉCIMAL,

OUVRAGE

DIVISÉ EN DEUX CHAPITRES ET DOUZE LEÇONS,

PAR DEMANDES ET PAR RÉPONSES,

Avec des opérations figurées et des tableaux synoptiques à la portée des commençans, des habitans des campagnes, et généralement de toutes les classes de la société; l'extrait des lois concernant les poids et mesures; la tolérance en plus ou moins, d'après les décisions ministérielles; le tarif des droits de vérification et de poinçonnage de chacun d'eux;

ORNÉ DE CINQ PLANCHES;

PAR

JEAN-FRANÇOIS-GASPARD-PALAISEAU,

Ancien comptable aux armées d'Égypte, d'Allemagne, d'Espagne, de Prusse, de Portugal, de Danemark, de Suède; ancien employé supérieur de différentes administrations, auteur de la *Métrologie universelle, ancienne et moderne*, de *l'Encyclopédie commerciale*, d'un nouveau *Traité d'arithmétique décimale*, d'une partie du *Traité des changes et arbitrages de banque, dédié à la Banque de France*, du *Guide des négocians, marchands et débitans d'eau-de-vie*, du *Vérificateur des escomptes*, etc., etc.

PRIX : 2 FRANCS.

A PARIS, CHEZ L'AUTEUR,

RUES : DE LA CALANDRE, N°. 37, — D'ANJOU-SAINT-HONORÉ, N°. 6, — DU 29 JUILLET, N°. 6;

ET CHEZ LES PRINCIPAUX LIBRAIRES.

AOUT 1831.

Je déclare que je poursuivrai tout contrefacteur ou débitant d'éditions fausses et non revêtues de ma signature, suivant la rigueur de la loi, en vertu de laquelle j'ai déposé le nombre d'exemplaires prescrit.

PARIS. — IMPRIMERIE ET FONDERIE DE FAIN,
RUE RACINE, N°. 4, PLACE DE L'ODÉON.

INTRODUCTION.

Demande. Que sont les systèmes des nouveaux poids, mesures et monnaies de France?

Réponse. L'application du calcul décimal, dont la numération est connue de tous les peuples de la terre.

D. A quoi faut-il donc s'attacher pour les bien saisir, quoiqu'ils n'aient rien de difficultueux ni de rebutant?

R. A toutes les opérations décimales, qui font disparaître toute complication, en ramenant tous les calculs à des nombres entiers ou nombres simples, puisqu'on opère de la même manière sur les nombres fractionnaires comme sur les nombres entiers.

D. Quel avantage ont ces systèmes sur les anciens poids, mesures et monnaies (qui n'en étaient pas n'étant liés par aucun nombre de principes communs)?

R. Les nouveaux systèmes ont l'avantage d'abréger les travaux administratifs, de rendre plus faciles toutes les opérations de particulier à particulier, et celles du commerce en général.

D. Pourquoi les anciens poids et mesures compliquaient-ils les travaux administratifs et les opérations commerciales?

R. Par la diversité qui existait dans chaque province, chaque ville, et même dans chaque village du même canton, où l'on était obligé d'avoir jusqu'à six mesures différentes dans le même grenier (comme dans la Bretagne), ce qui nécessitait des calculs sans cesse, et qui pour la plupart étaient plus ou moins exacts. L'obscurité dont la majeure partie des habitans étaient environnés, leur faisait redouter les connaissances ou l'habileté d'autrui.

D. Que résultait-il de ces confusions?

R. Que, les étalons étant abandonnés, on rétablissait les mesures et les poids à volonté, ce qui donnait lieu à des injustices et à des procès qui ruinaient souvent les habitans des campagnes.

D. De quelle époque date l'introduction des anciens poids et mesures en France?

R. Elle date de la fin du règne de Charlemagne, qui introduisit la livre de 12 onces, et pendant celui de Charles II, de 800 à 877.

D. Avant ces deux règnes, les poids et mesures étaient donc uniformes en France?

R. Oui, du temps de nos premiers rois, les poids et mesures étaient uniformes; les magistrats étaient chargés non-seulement d'en entretenir l'uniformité dans toutes les provinces; mais encore de les vérifier d'après les étalons, qui, pour la garantie publique, étaient alors gardés soigneusement dans le palais du roi.

D. Qui a donc introduit en France cette diversité de poids et mesures depuis l'an 877?

R. Ce sont les seigneurs suzerains, qui, profitant alors des troubles de l'état, introduisirent des usages conformes à leurs intérêts, en créant des mesures plus grandes ou plus petites que le *prototype;* bientôt chaque ville, chaque village eut ses poids et mesures particuliers.

D. L'uniformité des poids et mesures a-t-elle existé chez les autres peuples de la terre?

R. Oui, et on ne saurait trop rappeler l'importance qu'on a toujours attachée de temps immémorial à cette uniformité, dont l'établissement est presque aussi ancien que le monde. Dans la plus haute antiquité, les systèmes métriques d'Asie et d'Égypte étaient universellement en usage dans tout le continent, en Europe, en Asie, en Afrique, et spécialement en Espagne. Dans le vaste empire de la Chine, où l'on compte plus de quatre cents millions d'habitans (y compris le grand et petit Thibet), il n'y a qu'un seul poids et une seule mesure, dont la division est décimale.

D. Quels sont les rois de France qui ont reconnu l'abus de la diversité des poids et mesures, nuisible à l'intérêt général, et qui ont entrepris de rétablir l'uniformité ?

R. Philippe IV, Philippe V, Louis XI, François Ier., Henri II et leurs successeurs, qui rendirent des ordonnances, firent nommer des commissions et dresser des procès-verbaux à cet effet.

D. Pourquoi ces projets furent-ils abandonnés?

R. A cause des difficultés que firent naître nos coutumes d'alors ; on en comptait quatre cent quatre-vingt-dix toutes contradictoires, et autant de poids et de mesures que de lieux.

D. A quelle époque et sous quel règne un système décimal fut-il proposé, et devait enfin rétablir cette uniformité depuis si long-temps désirée?

R. Vers le milieu du règne de Louis XVI, lorsque de nouveaux troubles empêchèrent ce roi infortuné de mettre ce projet à exécution ; projet qui donna sans doute à des savans profonds l'idée du système métrique actuellement en vigueur, et que les vues paternelles et bienfaisantes de Louis-Philippe Ier., roi des Français, monarque éclairé, veulent conserver pour l'intérêt de ses peuples et la garantie du commerce.

D. Quelle est la principale source de l'opulence des nations?

R. C'est le commerce, qui associe non-seulement toutes les classes réunies sous un même gouvernement, mais encore les peuples éloignés par les plus grandes distances, et même ceux divisés par des mœurs différentes, la Providence ayant voulu que tous les hommes eussent entre eux des relations, en distribuant dans les diverses contrées de la terre des productions à leur usage.

D. Le commerce est donc l'âme des états, puisqu'il produit l'abondance générale, et fait la richesse des particuliers?

R. Oui, mais pour le rendre florissant, y maintenir la bonne foi, la sécurité, et éviter les méprises sur le prix et la valeur des denrées et marchandises, il est essentiel et même indispensable de connaître les différences des poids, mesures et monnaies comparés et rapportés à une proportion connue.

D. Puisque pour rendre le commerce florissant il faut de la bonne foi, de la sécurité, et éviter les méprises sur le prix et la valeur des denrées et marchandises, en comparant fidèlement les différences des poids, des mesures et des monnaies des divers pays de la terre à une proportion connue, ne serait-il pas plus simple, plus avantageux et même plus naturel à tous les peuples, d'adopter, comme les Français, une même uniformité de poids et mesures, dont la base serait déduite de la grandeur de la terre que nous habitons tous?

R. Oui, que chaque peuple prenne la dix-millionième partie du quart du méridien terrestre, ou de quatre-vingt-dix degrés, il trouvera comme nous la longueur du mètre, base de notre système, en rapportant toutefois ses opérations à la *toise du Pérou* (toise de Paris), celle qui a servi, de 1737 à 1741, à mesurer plusieurs degrés de cette partie de la terre. Ce système général fournirait à toutes les nations de la terre les moyens simples de s'entendre sur ce qui les intéresse infiniment dans les diverses relations qu'elles ont ensemble; nous voulons dire les dimensions, les distances des lieux, les poids, les mesures, les monnaies, et généralement tous les signes arbitraires des quantités dont on ne peut se passer dans la vie active et commerçante, comparés et rapportés à une proportion connue, en évitant d'avoir recours à une infinité d'ouvrages sur les comparaisons des poids, mesures et monnaies, qui pour la plupart sont plus ou moins étendus, plus ou moins clairs, et plus ou moins exacts. Certes, il n'y a pas un seul homme qui puisse se flatter de mettre au jour un ouvrage complet, et surtout exact, sur les comparaisons des mesures linéaires, des mesures grandes et petites pour les toiles et les draps, agraires ou d'arpentage, itinéraires ou topographiques, de bois de chauffage, de voie pour les voitures, de capacités pour les liquides, la chaux, le charbon de bois, le charbon de terre, le plâtre, le minerai, le froment, le seigle, l'orge, et généralement pour tous les grains et matières sèches, les fruits et les légumes, pour les barriques de vin, d'eau-de-vie, huile, etc., les poids grands et petits, le titre et le poids des monnaies qui existent dans chaque province, ville, bourg, village et hameau des empires, royaumes, duchés et principautés des quatre parties du monde. Il faut cependant jusqu'à présent s'en rapporter à des tables faites d'après les rapports ou données de tel ou tel auteur, ou d'après les renseignemens de telles ou telles personnes qui ne sont pas d'accord, puisque les différens ouvrages qui traitent de ces matières sont trop exaltés par les uns, et trop dépréciés par les autres. Ne serait-il pas plus simple que tous les peuples adoptassent notre système qui leur appartient comme à nous, puisque (comme nous l'avons déjà dit) sa base serait prise dans la nature? il serait donc inutile de s'attacher à une infinité de comparaisons, puisque les *kilogrammes*, les *litres*, les *stères*, les *mètres*, etc., seraient les mêmes par toute la terre, ou représenteraient les mêmes valeurs, quand même chaque puissance leur donnerait des noms différens à ceux que nous avons adoptés.

Nota. L'auteur a comparé les anciennes mesures de Paris avec les nouvelles, et les nouvelles avec les anciennes pour prouver l'avantage des nouvelles sur les anciennes, tant par leurs divisions que par la simplicité du calcul qu'elles nécessitent, en faisant disparaître toutes les opérations complexes.

Bordeaux, le 22 novembre 1816.

Les membres composant la Chambre de Commerce de Bordeaux, à M. J.-F.-G. PALAISEAU.

MONSIEUR,

« Nous avons reçu la lettre que vous nous avez fait l'honneur de nous écrire, le 8 du courant, ainsi que l'exemplaire que vous avez eu la bonté de nous adresser de l'excellent ouvrage de votre composition, sous le titre de la *Métrologie universelle ancienne et moderne*, ou *Rapport des poids, mesures et monnaies des empires, royaumes, duchés et principautés des quatre parties du monde.*

» Vous avez, Monsieur, bien mérité du commerce par les recherches et les veilles qu'a exigées l'exécution d'une aussi vaste entreprise, dont le résultat sera d'autant plus avantageux, que toutes les proportions citées dans votre travail, sur la comparaison des divers poids et mesures anciens et nouveaux, sont garanties être d'une parfaite exactitude par M. le conseiller privé de Prusse Eytelwein, d'après l'examen soigneux qu'il en a fait, suivant le certificat qu'il vous en a donné le 22 avril 1807, et dont vous avez joint à votre lettre traduction certifiée, le 8 du courant, par un interprète juré.

» Nous ne doutons pas, Monsieur, que le mérite de votre ouvrage et son utilité reconnue ne vous en procurent de nombreuses demandes. Déterminés par ces motifs, nous vous prions de vouloir bien ajouter deux nouveaux exemplaires à celui que vous nous avez déjà adressé, nous proposant de les conserver dans nos archives.

» Nous avons l'honneur, Monsieur, de vous remettre, ci-joint, un mandat de la somme de 45 fr., à recevoir de M. le trésorier de la commission administrative des revenus de la Bourse, pour prix de ces trois exemplaires.

» Nous avons l'honneur de vous saluer avec une parfaite considération;

» *Signés* BALGUERIE junior, *président;* FLEURY ÉMERY, CHEGARAY, J.-B. NAIRAC, J.-A. PELLETREAU, J. DUCORNAU, LOUIS FABRE, J. BOUSQUET, DANIEL GUESTIER. »

Paris, le 28 mars 1817.

Extrait d'une lettre de son Excellence le ministre de l'intérieur à M. PALAISEAU.

MONSIEUR,

Je me suis fait rendre compte de l'ouvrage que vous avez publié, sous le titre de la *Métrologie universelle ancienne et moderne*, ou *rapport des poids, mesures et monnaies des empires, royaumes, duchés et principautés des quatre parties du monde.*

» J'applaudis au zèle qui vous a porté à entreprendre et exécuter un travail aussi considérable. Je désire vous donner une marque de l'estime que je fais de votre livre, et, dans cette vue, j'en prendrai volontiers dix exemplaires, qui vous seront payés 15 francs chaque, sur le vu du récépissé que vous aura donné le chef de la troisième division, entre les mains duquel je vous invite à les faire déposer.

» *Signé* BECQUEY, sous-secrétaire d'état au ministère de l'intérieur.

Rapport de M. le conseiller de Prusse EYTELWEIN *à la chambre de guerre et du domaine, et du comité administratif de Berlin.*

TRADUCTION DE L'ALLEMAND.

J'ai examiné et comparé soigneusement toutes les proportions citées dens le très-utile ouvrage de M. PALAISEAU, concernant la comparaison des poids et mesures du royaume de Prusse et des principales places de l'Allemagne avec les anciens et les nouveaux de France, et j'ai trouvé qu'elles sont parfaitement conformes à la vérité et aux plus exactes fixations, ce que je certifie avec d'autant plus de plaisir que tous les doutes qui existaient relativement aux comparaisons sont maintenant levés par les soins louables de M. PALAISEAU.

Berlin, le 22 avril 1807, J. A. EYTELWEIN.

EXPOSITION

DES SYSTÈMES

MÉTRIQUE ET MONÉTAIRE FRANÇAIS.

CHAPITRE PREMIER.

PREMIÈRE LEÇON.

Du Système métrique.

Demande. QU'EST-CE que le système métrique des poids et mesures de France ?

Réponse. C'est l'application du calcul décimal.

D. Quel est le nombre qui a été choisi pour diviseur unique et invariable?

R. Le nombre 10, comme ne présentant aucune difficulté pour le calcul, comme on le verra ci-après par la division des nouveaux poids et mesures, et la nomenclature.

D. Par quelle loi la fixation définitive de la longueur du mètre a-t-elle été reconnue?

R. Par la loi du 19 frimaire an 8.

D. Par quel arrêté le système métrique des poids et mesures de France a-t-il été définitivement mis à exécution ?

R. Par l'arrêté du 13 brumaire an 9, et conformément à la loi du 1er. vendémiaire an 4, il a été définitivement mis à exécution le 1er. vendémiaire an 10.

D. Quels sont les étalons des nouveaux poids et mesures de France ?

R. Le MÈTRE et le KILOGRAMME. (Art. 2 de la loi du 18 germinal an 3, et article 2 de la loi du 19 frimaire an 8.)

D. Qu'est-ce donc que le mètre ?

R. C'est la dix-millionième partie du quart du méridien terrestre, compris entre le pôle nord et l'équateur, et l'unité sur laquelle est fondé le nouveau système des poids et mesures de France.

D. Par qui le quart du méridien terrestre a-t-il été mesuré?

R. Par les académiciens français *Méchain* et *Delambre*, savans justement célèbres.

D. Après l'avoir mesuré avec toute l'exactitude possible, qu'ont-ils trouvé pour résultat?

R. Ils ont trouvé que la longueur du quart du méridien terrestre était de *cinq millions cent trente mille sept cent quarante* toises de Paris (dite toise du Pérou, celle qui a servi à mesurer, de 1737 à 1741, plusieurs degrés dans ce pays), ou *trente millions sept cent quatre-vingt-quatre mille quatre cent quarante* pieds de Paris, ou *trois cent soixante-neuf millions quatre cent treize mille deux cent quatre-vingt* pouces du pied de Paris, ou enfin *quatre milliards quatre cent trente-deux millons neuf cent cinquante-neuf mille trois cent soixante* lignes du pied de Paris.

Ainsi, le quart du méridien est donc de. . . .	5130740	toises	de Paris.
ou de	30784440	pieds	
ou de	369413280	pouces	
ou enfin de	4432959360	lignes	

D. Pour trouver la longueur du mètre, base du système, qu'a-t-on fait?

R. Nous venons de dire plus haut que le mètre est la dix-millionième partie du quart du méridien; ainsi, pour trouver sa longueur et sa valeur en toises, pieds, pouces et lignes, on a retranché 7 chiffres sur la droite des quatre valeurs ci-dessus produit de la division par dix millions.

D'après cela, le mètre vaut donc 0 toise 5130740 dix-millionièmes de toise.
ou 3 pieds 0784440 dix-millionièmes de pied,
ou 36 pouc. 9413280 dix-millionièmes de pouc.
ou 443 lignes 2959360 dix-millionièmes de ligne.
ou enfin 3 pieds 11 lignes 2959360 dix-millionièmes de ligne du pied de Paris.

D. D'où dérivent les nouvelles mesures de *superficie*, *agraires* ou *d'arpentage*, de *solidité*, de *capacité* et de *pesanteur?*

R. Toutes ces mesures dérivent du mètre carré et mètre cube, et de ses multiples et sous-multiples.

D. Comment pouvez-vous nous le démontrer?

R. Par la division des nouveaux poids et mesures, et la nomenclature.

D. Donnez-nous la division des nouveaux poids et mesures avec leur signification?

R. La voici.

Myria signifie 10000 fois l'unité, ou dix mille.
Kilo signifie 1000 fois l'unité, ou mille.
Hecto signifie 100 fois l'unité, ou cent.
Déca signifie 10 fois l'unité, ou dix.
} Ces mots sont empruntés du grec.

Unité signifie 1 fois l'unité, ou un, principe des nombres.

Déci signifie 0,1 fois de l'unité, ou dixième.
Centi signifie 0,01 fois de l'unité, ou centième.
Milli signifie 0,001 fois de l'unité, ou millième.
} Ces mots dérivent du latin.

D. Que remarquez-vous par la division des nouveaux poids et mesures ci-dessus?

R. Je remarque que les différents ordres de partie de l'unité forment, 1°. une progression décroissante depuis le *myria* jusqu'au *milli*, où chaque terme est successivement divisé par 10, et 2°. que les différens ordres de l'*unité* forment une progression croissante, depuis le *milli* jusqu'au *myria*, par la multiplication successive de chaque terme par 10.

D. Quelle est l'unité des mesures linéaires ou de longueur?

R. C'est le *mètre*, qui signifie mesure; ce mot entre dans la composition de plusieurs noms connus dans notre langue, tels que *baromètre*, *thermomètre*, *géomètre*, *métromètre*, etc.

D. Quelle est l'unité des mesures *agraires* ou *d'arpentage* ?

R. C'est l'*are* (décamètre carré), qui a du rapport avec le mot *aire*, terme de géométrie, d'agriculture; c'est toute superficie plane sur laquelle on marche.

D. Quelle est l'unité des mesures de *solidité* ?

R. C'est le *stère* (mètre cube), qui veut dire solide, décomposé des mots *sténographie*, *stéréotype*, *stéréométrie*, etc.

D. Quelle est l'unité des mesures de capacité pour les *liquides* et les *matières sèches* ?

R. C'est le *litre* (décimètre cube), nom qui vient sans doute de *litron*, petite mesure ancienne pour les grains.

D. Quelle est l'unité des mesures de *pesanteur* ?

R. C'est le *gramme* (poids d'un centimètre cube), nom grec du mot *scrupule*, qui valait 20 grains, le gramme en vaut 19 à peu près.

D. Donnez-nous la nomenclature des nouveaux poids et mesures?

R. La voici.

NOMENCLATURE DES NOUVEAUX POIDS ET MESURES ET LEUR DÉSIGNATION.	VALEUR EN				
	MÈTRE, base du système.	ARE, décamètre carré.	STÈRE, mètre cube.	LITRE, décimètre cube.	GRAMME, poids du centimètre cube.
Mesures linéaires ou de longueur					
Myria — mètre	10000				
Kilo — mètre	1000				
Hecto — mètre	100				
Déca — mètre	10				
Mètre	1				
Déci — mètre	0,1 ou $\frac{1}{10}$				
Centi — mètre	0,01 ou $\frac{1}{100}$				
Milli — mètre	1,001 ou $\frac{1}{1000}$				
Mesures de surface ou d'arpentage.					
Myria — are		10000			
Kilo — are		1000			
Hecto — are		100			
Déca — are		10			
Are		1			
Déci — are		0,1 ou $\frac{1}{10}$			
Centi — are		1,01 ou $\frac{1}{100}$			
Milli — are		1,001 ou $\frac{1}{1000}$			
Mesures de solidité.					
Myria — stère			10000		
Kilo — stère			1000		
Hecto — stère			100		
Déca — stère			10		
Stère			1		
Déci — stère			0,1 ou $\frac{1}{10}$		
Centi — stère			0,01 ou $\frac{1}{100}$		
Milli — stère			0,001 ou $\frac{1}{1000}$		
Mesures de capacité pour les liquides et les grains.					
Myria — litre				10000	
Kilo — litre				1000	
Hecto — litre				100	
Déca — litre				10	
Litre				1	
Déci — litre				0,1 ou $\frac{1}{10}$	
Centi — litre				0,01 ou $\frac{1}{100}$	
Milli — litre				0,001 ou $\frac{1}{1000}$	
Poids ou mesures de pesanteur.					
Myria — gramme					10000
Kilo — gramme					1000
Hecto — gramme					100
Déca — gramme					10
Gramme					1
Déci — gramme					0,1 ou $\frac{1}{10}$
Centi — gramme					0,01 ou $\frac{1}{100}$
Milli — gramme					0,001 ou $\frac{1}{1000}$

D. De quel genre sont tous les noms ci-dessus ?
R. Du genre masculin.

Nota. Les myrialitre, millilitre, kiloare, décaare, déciare, milliare, myriastère, kilostère, hectostère, ne sont point en usage, attendu que ces mesures sont trop grandes ou trop petites.

DEUXIÈME LEÇON.

Mesures linéaires anciennes et nouvelles comparées entre elles.

D. Comment s'appelaient les anciennes mesures linéaires de France ?

R. La *toise*, le *pied*, le *pouce* et la *ligne*.

D. Quel rapport y avait-il de la toise au pied, du pied au pouce et du pouce à la ligne?

R. La toise valait 6 pieds, le pied valait 12 pouces, et le pouce valait 12 lignes; ou la toise valait 72 pouces ou 864 lignes, ou le pied valait 144 lignes.

D. Quelle est la nouvelle mesure qui a remplacé les anciennes ?

R. C'est le *mètre* qui, comme nous l'avons déjà dit, est l'unité des mesures linéaires; il vaut 3 pieds 11 lignes 296 millièmes de ligne, ou 443 lignes 296 millièmes de ligne du pied de Paris.

D. Quel est le rapport de la toise de Paris au mètre ?

R.			
1 toise de Paris vaut 1	mètre, 9 décim., 4 centim., 9 millim.,	036 milliem. de mill.
10 toises de Paris valent 19	mètres, 4 décim., 9 centim., 0 millim.,	36 centièm. de mill.
100 toises de Paris valent 194	mètres, 9 décim., 0 centim., 3 millim.,	6 dixièm. de mill.
1000 toises de Paris valent 1949	mètres, 0 décim., 3 centim., 6 millim.,	0
10000 toises de Paris valent 19490	mètres, 3 décim., 6 centim., 0	

D. Comment convertirez-vous un nombre quelconque de toises de Paris en mètres ?

R. En multipliant le nombre invariable 1,949036 par le nombre de toises à convertir en mètres : le produit de la multiplication et de l'addition sera la réponse, après avoir retranché par une virgule, sur la droite du produit, 6 chiffres; les 2 chiffres après la virgule seront des centièmes, les 3 chiffres après la virgule des millièmes, etc., etc.

Opération figurée.

Nombre fixe et invariable pour convertir les toises de Paris en mètres.	1,949036	multiplicande fixe.
Supposons 25 toises de Paris à convertir en mètres	25	multiplicateur.
	9745180	
	3898072	
Produit des 25 toises de Paris converties en mètres. . .	48,725900	= 48 mètres 726 millimètres.

Ainsi, les 25 toises de Paris converties en mètres valent donc 48 mètres 7 décimètres 2 centimètres et 6 millimètres, ou bien 48 mètres 726 millimètres.

D. Quand il se trouve des décimales au multiplicateur, que doit-on faire ?

R. Multiplier comme s'il n'y en avait pas; mais, après la multiplication et l'addition, on retranche, sur la droite, le nombre de chiffres prescrit, plus le nombre de décimales qu'il y a après la virgule au multiplicateur.

D. Quel est le rapport du mètre à la toise de Paris ?

R.				
1	mètre vaut 0	toise de Paris,	513074	millionièmes de toises.
10	mètres valent 5	toises de Paris,	13074	cent-millièmes de toise.
100	mètres valent 51	toises de Paris,	3074	dix-millièmes de toise.
1000	mètres valent 513	toises de Paris,	074	millièmes de toise.
10000	mètres valent 5130	toises de Paris,	74	centièmes de toise.

Ainsi, le nombre fixe et invariable, pour convertir les mètres et fraction de mètre en toise, est donc 0,513074.

D. Convertisssez-nous les 48 mètres 726 millimètres en toises, pour voir si nous trouverons les 52 toises ?

R. Nombre fixe, pour convertir les mètres et fraction de mètre en toises. Ci. . 0,513074 multiplicande fixe,
Nombre de mètres et fraction à convertir en toises. . . . . 48,726 multiplicateur.

```
    3078444
   1026148
  3591518
 4104592
2052296
-----------------
25,000043724 = 25 toises.
```

Ainsi, après avoir retranché 9 chiffres sur la droite, même nombre de décimales qu'il y a au multiplicande et au multiplicateur, les 48 mèt. 726 mill. valent bien 25 toises. Preuve.

D. Comment convertirez-vous les pieds de Paris en mètres, et les mètres en pieds de Paris ?

R. 1°. Pour convertir les pieds de Paris en mètres, il faut multiplier le nombre invariable 0,324839 par le nombre de pieds à convertir en mètres : le produit sera des mètres, après avoir retranché 6 chiffres sur la droite ; le premier chiffre après la virgule sera des décimètres, les deux chiffres seront des centimètres, et les trois chiffres après la virgule seront des millimètres ;

2°. Pour convertir les mètres en pieds de Paris, il faut multiplier le nombre invariable 3,078444 par le nombre de mètres : le produit sera des pieds de Paris, après avoir retranché 6 chiffres sur la droite, plus le nombre de chiffres qu'il y aura de décimales aux mètres.

D. Comment convertirez-vous les pouces de Paris en centimètres, et les centimètres en pouces de Paris ?

R. 1°. Pour convertir les pouces en centimètres, il faut multiplier le nombre invariable 2,708 par le nombre de pouces de Paris : le produit sera des centimètres après avoir retranché 3 chiffres sur la droite ; le premier chiffre après la virgule sera des millimètres.

2°. Pour convertir les centimètres en pouces de Paris, il faut multiplier le nombre invariable 0,36941 par le nombre de centimètres et de millimètres : le produit sera des pouces de Paris après avoir retranché 5 chiffres sur la droite, plus le nombre de chiffres qu'il y aura de décimales aux centimètres à convertir.

D. Comment convertirez-vous les lignes de Paris en millimètres, et les millimètres en lignes de Paris ?

R. 1°. Pour convertir les lignes de Paris en millimètres, il faut multiplier le nombre invariable 2,2558 par le nombre de lignes de Paris : le produit sera des millimètres après avoir retranché 4 chiffres sur la droite ; les deux chiffres après la virgule seront des centièmes de millimètres.

2°. Pour convertir les millimètres en lignes de Paris, il faut multiplier le nombre invariable 0.443296 par le nombre de millimètres : le produit sera des lignes de Paris, après avoir retranché 6 chiffres sur la droite, plus le nombre de chiffres qu'il y aura de décimales aux millimètres à convertir.

D. Quel est le tarif de ce qui doit être payé pour la vérification et le poinçonnage des mesures linéaires ou de longueur ?

R. Conformément à l'arrêté du 29 prairial an 9, art. XI, il doit être payé, savoir :

» Pour les doubles-décamètres (20 mètres), décamètre (10 mètres), demi-décamètre (5 mètres) 25 cent.
» Pour les doubles-mètres (deux mètres). 15
» Pour les mètres et demi-mètres, pour les étoffes et toiles. 5
» Pour les doubles-mètres (2 mètres) mètres et demi-mètres ployans, pour les tapisseries. . . 10
» Pour les demi-mètres brisés à charnières. 10
» Pour les doubles-décimètres (5e. partie du mètre) et décimètres (10me. partie du mètre). . 5

D. Quelles sont les erreurs tolérables sur les mesures de longueur, d'après les instructions émanées du ministre de l'intérieur ?

R. Les erreurs tolérables sont, savoir :

» Pour le double-mètre en bois,	tolérance en plus seulemt.	1 mill. $\frac{1}{2}$;	pour le double-mètre en métal,	en plus ou en moins,	$\frac{2}{10}$ de mill.
» Pour le mètre en bois,	*id.*	1 » ;	pour le mètre en métal,	*id.*	$\frac{2}{10}$ *id.*
» Pour le demi-mètre en bois,	*id.*	0 $\frac{6}{10}$ mill. ;	pour le demi-mètre en métal,	*id.*	$\frac{1}{10}$ *id.*
» Pour le double-décim. en bois,	*id.*	0 $\frac{4}{10}$ mill. ;	pour le double-décim. en métal,	*id.*	$\frac{1}{10}$ *id.*
» Pour le décimètre en bois,	*id.*	0 $\frac{1}{10}$ mill. ;	pour le décimètre en métal,	*id.*	$\frac{1}{10}$ *id.*

TROISIÈME LEÇON.

Mesures pour les toiles et les draps anciennes et nouvelles comparées entre elles.

D. Comment s'appelait l'ancienne mesure de Paris pour les toiles et les draps ?

R. Elle s'appelait *aune.*

D. En combien de parties l'aune se divisait-elle, et quelle était sa longueur en pieds, pouces et lignes de Paris ?

R. Elle se divisait en $\frac{1}{2}$, $\frac{1}{3}$, $\frac{1}{4}$, $\frac{1}{8}$, $\frac{1}{12}$, $\frac{1}{16}$, $\frac{1}{24}$ et $\frac{1}{32}$, et elle avait 3 pieds 7 pouces 8 lignes, ou enfin 524 lignes de longueur ; c'était avec cette aune que l'on réglait les rapports des mesures étrangères.

D. Quelle est la nouvelle mesure qui la remplace ?

R. C'est le *mètre.*

D. Quelle est la valeur ou le rapport de l'aune ancienne (celle de 524 lignes seule connue dans le commerce) avec le mètre ?

R. L'aune ancienne (celle de 524 lignes) vaut 1 mètre 1 décimètre 8 centimètres et 2 millimètres, ou plus exactement 1 mètre 1 décimètre 8 centimètres 2 millimètres, 054 millièmes de millimètre, ou enfin :

1	aune ancienne vaut		1	mètre	1	décim.	8	cent.	2	mill.	054 millièmes de millimètre.
10	*id.*	valent	11	*id.*	8	*id.*	2	*id.*	0	*id.*	54 centièmes de millimètre.
100	*id.*		118	*id.*	2	*id.*	0	*id.*	5	*id.*	4 centièmes de millimètre.
1000	*id.*		1182	*id.*	0	*id.*	5	*id.*	4	*id.*	0

D. Et le mètre que vaut-il en aune (celle de 524 lignes) ?

R.

1	mètre vaut	0	aune	845985	millièmes d'aune de 524 lignes.	
10	*id.* valent	8	*id.*	45985	cent-millièmes	*id.*
100	*id.*	84	*id*	5985	dix-millièmes	*id.*
1000	*id.*	845	*id.*	985	millièmes	*id.*

D. Comment convertirez-vous les anciennes aunes (celle de 524 lignes) en mètres, et les mètres en anciennes aunes ?

R. 1°. Pour convertir les anciennes aunes de Paris (celle de 524 lignes) en mètres, il faut multiplier le nombre invariable 1,182054 par le nombre d'anciennes aunes de Paris : le produit sera des mètres après avoir retranché 6 chiffres par une virgule, sur la droite du produit de la multiplication et de l'addition; les 3 chiffres après la virgule seront des millimètres;

2°. Pour convertir les mètres en aunes anciennes de Paris (celle de 524 lignes seule connue dans le commerce), il faut multiplier le nombre invariable 0,845985 par le nombre de mètres, décimètres, centimètres et millimètres : le produit de la multiplication et de l'addition sera des aunes anciennes de Paris, après avoir retranché 6 chiffres sur la droite, plus le nombre de chiffres qu'il y aura de fractions de mètre.

QUATRIÈME LEÇON.

Mesures de surface anciennes et nouvelles comparées entre elles.

D. Qu'entendez-vous par surface ?

R. J'entends longueur et largeur sans profondeur ; l'extérieur, l'apparence, le dehors.

D. Quelles étaient les anciennes mesures de surface en France ?

R. La toise carrée, le pied carré, le pouce carré et la ligne carrée, c'est-à-dire, qu'une toise de long sur une toise de côté est une toise carrée, de même qu'un pied de long sur un pied de côté est un pied carré, et un pouce de long sur un pouce de côté est un pouce carré, etc.

D. Combien la toise carrée valait-elle de pieds ?

R. Trente-six pieds, produit de 6 pieds (valeur de la toise) multipliés par 6, = 36 pieds.

D. Que valait le pied carré?

R. Cent quarante-quatre pouces, produit de 12 pouces (valeur du pied) multipliés par 12, = 144 pouces.

D. Que valait le pouce carré?

R. Cent quarante-quatre lignes, produit de 12 lignes (valeur du pouce) multipliés par 12, = 144 lignes.

D. Quelle est la nouvelle mesure de surface qui remplace les anciennes?

R. C'est le mètre et les parties décimales du mètre qui est l'unité des mesures de surface.

D. Que vaut le mètre carré?

R. Cent décimètres, produit de 10 décimètres (valeur du mètre) multipliés par 10, = 100 décim.

D. Que vaut le décimètre carré?

R. Cent centimètres, produit de 10 centimètres (valeur du décimètre) multipliés par 10, = 100 centimètres.

D. Que vaut le centimètre carré?

R. Cent millimètres, produit de dix millimètres (valeur du centimètre) multipliés par 10, = 100 mill.

D. Quel est le rapport de la toise carrée de Paris au mètre carré?

R.					
1	toise carrée vaut	3	mètres carrés	79875	cent-millièmes de mètre carré.
10	*id.* valent	37	*id.*	9875	dix-millièmes de mètre carré.
100	*id.*	379	*id.*	875	millièmes de mètre carré.
1000	*id.*	3798	*id.*	75	centièmes de mètre carré.

D. Quel est le rapport du pied carré de Paris au décimètre carré?

R.					
1	pied carré vaut	10	décimètres carrés	55204	cent-millièmes de décimètre carré.
10	*id.* valent	105	*id.*	5204	dix-millièmes de décimètre carré.
100	*id.*	1055	*id.*	204	millièmes de décimètre carré.
1000	*id.*	10552	*id.*	04	centièmes de décimètre carré.

D. Quel est le rapport du pouce carré de Paris au centimètre carré?

R.					
1	pouce carré de Paris vaut	7	centimètres carrés	32784	cent-millièmes de centimètre carré.
10	*id.* valent	73	*id.*	2784	dix-millièmes de centimètre carré.
100	*id.*	732	*id.*	784	millièmes de centimètre carré.
1000	*id.*	7327	*id.*	84	centièmes de centimètre carré.

D. Quel est le rapport de la ligne carrée de Paris au millimètre carré?

R.					
1	ligne carrée vaut	5	millimètres carrés	0885	dix-millièmes de millimètre carré.
10	*id.* valent	50	*id.*	885	millièmes de millimètre carré.
100	*id.*	508	*id.*	85	centièmes de millimètre carré.
1000	*id.*	5088	*id.*	5	dixièmes de millimètre carré.

D. Quel est le rapport du mètre carré à la toise carrée de Paris?

R.					
1	mètre carré vaut	0	toise carrée	26324	cent-millièmes de toise carrée de Paris.
10	*id.* valent	2	*id.*	6324	dix-millièmes de toise carrée de Paris.
100	*id.*	26	*id.*	324	millièmes de toise carrée de Paris.
1000	*id.*	263	*id.*	24	centièmes de toise carrée de Paris.

D. Quel est le rapport du décimètre carré au pied carré de Paris?

R.					
1	décimètre carré vaut	0	pied carré	094768	millionièmes de pied carré de Paris.
10	*id.* valent	0	*id.*	94768	cent-millièmes de pied carré de Paris.
100	*id.*	9	*id.*	4768	dix-millièmes de pied carré de Paris.
1000	*id.*	94	*id.*	768	millièmes de pied carré de Paris.

D. Quel est le rapport du centimètre carré au pouce carré de Paris?

R.					
1	centimètre carré vaut	0	pouce carré	136466	millionièmes de pouce carré de Paris.
10	*id.* valent	1	*id.*	36466	cent-millièmes de pouce carré de Paris.
100	*id.*	13	*id.*	6466	dix-millièmes de pouce carré de Paris.
1000	*id.*	136	*id.*	466	millièmes de pouce carré de Paris.

D. Quel est le rapport du millimètre carré à la ligne carrée de Paris?

R. 1	millimètre carré vaut	0	ligne carrée	196511	millionièmes de ligne carrée de Paris.
10	*id.* valent	1	*id.*	96511	cent-millièmes de ligne carrée de Paris.
100	*id.*	19	*id.*	6511	dix-millièmes de ligne carrée de Paris.
1000	*id.*	196	*id.*	511	millièmes de ligne carrée de Paris.

D. Comment convertirez-vous les toises carrées de Paris en mètres carrés, et les mètres carrés en toises carrées?

R. 1°. Pour convertir les toises carrées de Paris en mètres carrés, il faut multiplier le nombre invariable 3,79877 par le nombre de toises carrées de Paris à convertir: le produit sera des mètres carrés, après avoir retranché 5 chiffres sur la droite au produit de la multiplication et de l'addition; le premier chiffre après la vigule sera des décimètres carrés, les 2 chiffres après la virgule seront des centimètres carrés, et les 3 chiffres après la virgule seront des millimètres carrés;

2°. Pour convertir les mètres carrés en toises carrées, il faut multiplier le nombre invariable 0,26324 par le nombre de mètres carrés et fraction de mètre carré, à convertir en toises carrées: le produit sera des toises carrées après avoir retranché 5 chiffres sur la droite au produit de la multiplication et de l'addition, plus le nombre de chiffres qu'il y aura de décimales aux mètres carrés.

D. Comment convertirez-vous les pieds carrés de Paris en décimètres carrés, et les décimètres carrés en pieds carrés de Paris?

R. 1°. Pour convertir les pieds carrés de Paris en décimètres carrés, il faut multiplier le nombre invariable 10,55204 par le nombre de pieds carrés de Paris: le produit de la multiplication et de l'addition sera des décimètres carrés, après avoir retranché 5 chiffres sur la droite; le premier chiffre après la virgule sera des centimètres carrés, et le deuxième des millimètres carrés;

2°. Pour convertir les décimètres carrés en pieds carrés de Paris, il faut multiplier le nombre invariable 0,094768 par le nombre de décimètres carrés: le produit de la multiplication et de l'addition sera des pieds carrés, après avoir retranché 6 chiffres sur la droite, plus le nombre de chiffres qu'il y aura de décimales aux décimètres carrés à convertir.

D. Comment convertirez-vous les pouces carrés de Paris en centimètres carrés, et les centimètres carrés en pouces carrés de Paris?

R. 1°. Pour convertir les pouces carrés de Paris en centimètres carrés, il faut multiplier le nombre invariable 7,32782 par le nombre de pouces carrés: le produit sera des centimètres carrés, après avoir retranché 5 chiffres sur la droite au produit de la multiplication et de l'addition; le premier chiffre après la virgule sera des dixièmes de centimètre, et les 2 chiffres des centièmes de centimètre.

2°. Pour convertir les centimètres carrés en pouces carrés de Paris, il faut multiplier le nombre invariable 0,136466 par le nombre de centimètres carrés: le produit de la multiplication et de l'addition sera des pouces carrés, après avoir retranché 6 chiffres sur la droite, plus le nombre de chiffres qu'il y aura aux centimètres carrés à convertir.

D. Comment convertirez-vous les lignes carrées de Paris en millimètres carrés, et les millimètres carrés en lignes carrées?

R. 1°. Pour convertir les lignes carrées de Paris en millimètres carrés, il faut multiplier le nombre invariable 5,088634 par le nombre de lignes carrées de Paris: le produit de la multiplication et de l'addition sera des millimètres carrés, après avoir retranché au dit produit 6 chiffres sur la droite; les 3 chiffres après la virgule seront des millièmes de millimètre carré.

2°. Pour convertir les millimètres carrés en lignes carrées de Paris, il faut multiplier le nombre invariable 0,196511 par le nombre de millimètres carrés: le produit de la multiplication et de l'addition sera des lignes carrées, après avoir retranché 6 chiffres sur la droite, plus le nombre de chiffres qu'il y aura de décimales aux millimètres carrés à convertir.

CINQUIÈME LEÇON.

Mesures agraires ou d'arpentage anciennes et nouvelles comparées entre elles.

D. Qu'entendez-vous par arpentage?

R. L'art de mesurer la superficie des terres.

D. Quelles étaient les anciennes mesures pour l'arpentage en France?

R. 1°. La perche de 18 pieds (celle de Paris) qui valait 324 pieds carrés, produit de 18 multiplié par 18 = 324 pieds carrés; 2°. la perche de 22 pieds (celle des eaux et forêts) qui valait 484 pieds carrés, produit de 22 multiplié par 22 = 484 pieds carrés; et 3°. la perche de 20 pieds qui valait 400 pieds carrés, produit de 20 multiplié par 20 = 400 pieds carrés.

D. De combien était composé l'arpent ancien?

R. De 100 perches. Ainsi : 1°. L'arpent de 100 perches (la perche de 18 pieds) valait 32400 pieds carrés, produit de 324 multiplié par 100 = 32400 pieds carrés, ou 900 toises carrées, quotient de la division de 32400 par 36 (la toise carrée de Paris valant 36 pieds carrés); 2°. l'arpent des eaux et forêts (la perche de 22 pieds) valait 48400 pieds carrés, produit de 484 multiplié par 100 = 48400 pieds carrés, ou 1344 toises carrées $\frac{4}{9}$, quotient de 48400 divisé par 36; et 3°. l'arpent (la perche de 20 pieds) valait 40000 pieds carrés, produit de 400 multiplié par 100, ou elle valait 1111 toises carrées $\frac{1}{9}$, quotient de 40000 divisé par 36.

D. Comment appelez-vous les mesures agraires ou d'arpentage qui remplacent les anciennes?

R. Le myriamètre, *kilomètre carré;* l'hectare, *hectomètre carré;* l'are, *décamètre carré;* et le centiare, *mètre carré.*

D. Quelle est la longueur du *myriamètre*, du *kilomètre*, de l'*hectomètre*, du *décamètre* et du *mètre* en toises et pieds de Paris?

R. 1°. Le myriam.	vaut	10000 mèt.,	ou	5130 toises de Paris	74 cent.,	ou	30784 pi.	44 centièm.
2°. Le kilom.	vaut	1000 *id.*	ou	513 *id.*	074 mill.,	ou	3078 pi.	444 millièm.
3°. L'hectom.	vaut	100 *id.*	ou	51 *id.*	3074 $\frac{10}{1000}$,	ou	307 pi.	8444 dix-mill.
4°. Le décam.	vaut	10 *id.*	ou	5 *id.*	13074 $\frac{100}{10000}$,	ou	30 pi.	78444 cent-mill.
5°. Le mètre	vaut	1 *id.*	ou	0 *id.*	513074 millio.	ou	3 pi.	078444 millionié.

D. Que vaut le myriamètre carré en mètres carrés, toises carrées et pieds carrés de Paris?

R. 1°. Le myriamètre carré vaut 100000000 de mètres carrés, produit de 10000 multiplié par 10000;

2°. Le myriamètre carré vaut 26324492 toises carrées 95 centièmes de Paris, produit de 5130 toises 74 cent., multipliées par 5130 toises 74 centièmes;

Et 3°. Le myriamètre carré vaut 947681746 pieds carrés $\frac{1}{5}$ de Paris, produit de 30784 toises 44 cent., multipliées par 30784 toises 44 centièmes.

D. Que vaut le kilomètre carré en mètres carrés, toises carrées et pieds carrés de Paris?

R. 1°. Le kilomètre carré vaut 1000000 mètres carrés, produit de 1000 multiplié par 1000;

2°. Le kilomètre carré vaut 263244 toises carrées 93 cent. de Paris, produit de 513 toises 074 mill., multipliées par 513 toises 074 mill.;

Et 3°. Le kilomètre carré vaut 9476817 pieds carrés 46 cent. de Paris, produit de 3078 toises 444 mill., multipliées par 3078 toises 444 mill.

D. Que vaut l'hectomètre carré en mètres carrés, toises carrées et pieds carrés de Paris?

R. 1°. L'hectomètre carré vaut 10000 mètres carrés, produit de 100 multiplié par 100;

2°. L'hectomètre carré vaut 2632 toises carrées 45 cent., produit de 51,3074, multiplié par 51,3407;

Et 3°. L'hectomètre carré vaut 94768 pieds carrés 175 mill., produit de 307,8444, multiplié par 307,8444.

D. Que vaut le décamètre carré en mètres carrés, toises carrées et pieds carrés de Paris?

R. 1°. Le décamètre carré vaut 100 mètres carrés, produit de 10 multiplié par 10;

2°. Le décamètre carré vaut 26 toises carrées 3245 dix mill., produit de 5,13074 multiplié par 5,13074;

Et 3°. Le décamètre carré vaut 947 pieds carrés 682 mill., produit de 30,78444, multiplié par 30,78444.

D. Que vaut le mètre carré en décimètres carrés, toises carrées et pieds carrés de Paris?

R. 1°. Le mètre carré vaut 100 décimètres carrés, produit de 10 décimètres multipliés par 10;

2° Le mètre carré vaut 0 toise carrée 263 mill., produit de 0 toise 513074, multipliée par 0,513074;

Et 3°. Le mètre carré vaut 9 pieds carrés, 68 pouces carrés, 95 lignes carrées, produit de 3,078444, multiplié par 3,078444.

D. Qu'est-ce que l'*hectare*, l'*are* et le *centiare?*

R. L'hectare est un hectomètre carré, l'are est un décamètre carré, et le centiare est un mètre carré.

D. Comment convertirez-vous les arpens (celui de 32400 pieds carrés) en hectares, et les hectares carrés en arpens (celui de 32400 pieds carrés) ?

R. 1°. Pour convertir les arpens (celui de 32400 pieds carrés) en hectares, il faut multiplier le nombre invariable 0,351887 par le nombre d'arpens (celui 32400 pieds carrés), le produit de la multiplication et de l'addition sera des hectares, après avoir retranché 6 chiffres sur la droite; les 2 premiers chiffres après la virgule seront des ares, et les deux chiffres après les ares seront des centiares, attendu qu'il faut 100 ares pour faire un hectare, comme il faut 100 centiares pour faire un are; 2°. pour convertir les hectares, ares et centiares en arpens (celui de 32400 pieds carrés), il faut multiplier le nombre invariable 2,92494 par le nombre d'hectares, ares et centiares : le produit de la multiplication et de l'addition sera des arpens (celui de 32400 pieds carrés), après avoir retranché 5 chiffres sur la droite, plus le nombre de chiffres qu'il y aura de décimales aux hectares.

D. Comment convertirez-vous les arpens (celui de 48400 pieds carrés) en hectares, et les hectares en arpens (celui de 48400 pieds carrés) ?

R. 1°. Pour convertir les arpens (celui de 48400 pieds carrés) en hectares, il faut multiplier le nombre invariable 0,510754 par le nombre d'arpens (celui de 48400 pieds carrés) : le produit de la multiplication et de l'addition sera des hectares, après avoir retranché 6 chiffres sur la droite; les 2 chiffres après la virgule seront des ares, et les 2 chiffres après les ares seront des centiares, attendu qu'il faut 100 ares pour faire 1 hectare, comme il faut 100 centiares pour faire 1 are; 2°. pour convertir les hectares, ares, centiares, en arpens (celui de 48400 pieds carrés), il faut multiplier le nombre invariable 1,95802 par le nombre d'hectares, ares et centiares à convertir : le produit de la multiplication et de l'addition sera des arpens après avoir retranché 5 chiffres sur la droite, plus le nombre de chiffres qu'il y aura de décimales aux hectares à convertir.

D. Comment convertirez-vous les arpens (celui de 40000 pieds carrés) en hectares, et les hectares en arpens (celui de 40000 pieds carrés) ?

R. 1°. Pour convertir les arpens (de 40000 pieds carrés) en hectares, il faut multiplier le nombre invariable 0,4221 par le nombre d'arpens (de 40000 pieds carrés) : le produit de la multiplication et de l'addition sera des hectares après avoir retranché 4 chiffres; les 2 chiffres après la virgule seront des ares, et les 2 chiffres après les ares seront des centiares, attendu qu'il faut 100 ares pour 1 hectare, comme il faut 100 centiares pour 1 are; 2°. pour convertir les hectares, ares, et centiares en arpens (de 40000 pieds carrés) il faut multiplier le nombre invariable 2,3692 par le nombre d'hectares, ares et centiares à convertir en arpens (de 40000 pieds carrés) : le produit de la multiplication et de l'addition sera des arpens (de 40000 pieds carrés), après avoir retranché 4 chiffres sur la droite, plus le nombre de chiffres qu'il y aura de décimales aux hectares à convertir.

SIXIÈME LEÇON.

Mesures de solidité anciennes et nouvelles comparées entre elles.

D. Qu'entendez-vous par solide ?

R. J'entends par solide trois dimensions, longueur, largeur et hauteur qui se comparent à des mesures régulières que l'on appelle cubes (solides qui a six faces carrées), c'est-à-dire, dont longueur, largeur et hauteur sont égales; le produit d'un nombre carré multiplié est aussi un cube.

D. Quelles étaient les anciennes mesures de solidité en France ?

R. La toise cube, le pied cube, et la ligne cube.

D. Que valait en pieds cubes la toise cube ?

R. La toise cube valait 216 pieds cubes, produit de 6 pieds (valeur de la toise) multipliés par 6, ce qui donne 36 pieds carrés; lesquels 36 pieds carrés, multipliés par 6, donnent bien 216 pieds cubes pour la toise cube.

D. Que valait le pied cube en pouces cubes ?

R. Le pied cube valait 1728 pouces cubes, produit de 12 pouces (valeur du pied) multipliés par 12, ce qui donne 144 pouces carrés, lesquels 144 pouces carrés, multipliés par 12, donnent bien 1728 pouces cubes pour 1 pied cube.

D. Que valait le pouce cube en lignes cubes?

R. Le pouce cube valait 1728 lignes, produit de 12 lignes (valeur du pouce) multipliées par 12, ce qui donne 144 lignes carrées, lesquelles 144 lignes carrées, multipliées par 12, donnent bien 1728 lignes cubes pour 1 pouce cube.

D. Quelle est la nouvelle mesure de solidité qui remplace les anciennes?

R. C'est le mètre cube.

D. Que vaut le mètre cube en décimètres cubes?

R. Le mètre cube vaut 1000 décimètres cubes, produit de 10 décimètres (valeur du mètre) par 10, ce qui donne 100 décimètres carrés, lesquels 100 décimètres carrés, multipliés par 10, donnent bien 1000 décimètres cubes pour 1 mètre cube.

D. Que vaut le décimètre cube en centimètres cubes?

R. Le décimètre cube vaut 1000 centimètres cubes, produit de 10 centimètres (valeur du décimètre) par 10, ce qui donnent 100 décimètres carrés, lesquels 100 décimètres carrés, multipliés par 10, donnent bien 1000 centimètres cubes pour 1 décimètre cube.

D. Que vaut le centimètre cube en millimètres cubes?

R. Le centimètre cube vaut 1000 millimètres cubes, produit de 10 millimètres (valeur du centimètre) par 10, ce qui donne 100 millimètres carrés, lesquels 100 millimètres carrés, multipliés par 10, donnent bien 1000 millimètres cubes, pour 1 centimètre cube.

D. Que remarquez-vous d'après cela?

R. Je remarque que le mètre cube vaut donc 1000 décimètres cubes, ou 1000000 de centimètres cubes, ou enfin 1000000000 de millimètres cubes.

D. Quel est le rapport de la toise cube de Paris au mètre cube?

R. La toise cube de Paris vaut 7 mètres cubes 403883 millioniémes de mètre cube, ou 7403 décimètres cubes 883 millièmes de décimètre cube, ou la toise cube de Paris vaut 7403883 centimètres cubes.

D. Quel est le rapport du pied cube au décimètre cube?

R. Le pied cube de Paris vaut 34 décimètres cubes, 27714 cent-millièmes de décimètre cube, ou 34277 centimètres cubes 14 centièmes de centimètre cube; ou enfin le pied cube de Paris vaut 34277140 millimètres cubes.

D. Quel est le rapport du pouce cube au centimètre cube?

R. Le pouce cube vaut 19 centimètres cubes 8365 dix-millièmes de centimètre cube, ou 19836 millimètres cubes 5 dixièmes de millimètre cube.

D. Quel est le rapport de la ligne cube au millimètre cube?

R. La ligne cube vaut 11 millimètres cubes 479 millièmes de millimètre cube.

D. Quel est le rapport du mètre cube à la toise cube?

R. Le mètre cube vaut 0 toise cube 1350642 dix-millioniémes de toise cube, ou le mètre cube vaut 29 pieds cubes de Paris, 1739 dix-millièmes de pied cube.

D. Quel est le rapport du décimètre cube au pied cube de Paris?

R. Le décimètre cube vaut 0 pied cube 0291739 dix-millioniémes de pied cube de Paris.

D. Quel est le rapport du centimètre cube au pouce cube de Paris?

R. Le centimètre cube vaut 0 pouce cube de Paris, 050412 millioniémes de pouce cube de Paris.

D. Quel est le rapport du millimètre cube à la ligne cube de Paris?

R. Le millimètre cube vaut 0 ligne cube, 08711 cent-millièmes de ligne cube de Paris.

D. Comment convertirez-vous les toises cubes de Paris en mètres cubes, et les mètres cubes en toises cubes?

R. 1°. Pour convertir les toises cubes de Paris en mètres cubes, il faut multiplier le nombre invariable 7,403883 par les toises cubes à convertir en mètres cubes: le produit de la multiplication et de l'addition sera des mètres cubes, après avoir retranché 6 chiffres; les 3 chiffres après la virgule représenteront des décimètres cubes, et les 3 chiffres après les décimètres cubes représenteront des centimètres cubes, attendu qu'il faut 1000 décimètres cubes pour un mètre cube, comme il faut 1000 centimètres cubes pour 1 décimètre cube; 2°. pour convertir les mètres cubes en toises cubes, il faut multiplier le nombre invariable 0,135064 par les mètres cubes et fraction à convertir: le produit de la multication et de l'addition sera des toises cubes après avoir retranché 6 chiffres sur la droite, plus le nombre de chiffres qu'il y aura de décimales aux mètres cubes à convertir.

D. Comment convertirez-vous les pieds cubes en décimètres cubes, et les décimètres cubes en pieds cubes ?

R. 1°. Pour convertir les pieds cubes en décimètres cubes, il faut multiplier le nombre invariable 34,27714 par les pieds cubes à convertir : le produit de la multiplication et de l'addition sera des décimètres cubes, après avoir retranché 5 chiffres sur la droite ; les 3 chiffres après la virgule seront des centimètres cubes, et les 3 chiffres après les centimètres cubes seront des millimètres cubes ; 2°. pour convertir les décimètres, centimètres et millimètres cubes en pieds cubes, il faut multiplier le nombre invariable 0,029174 par les décimètres, centimètres et millimètres cubes : le produit de la multiplication et de l'addition sera des pieds cubes après avoir retranché 6 chiffres sur la droite, plus le nombre de chiffres qu'il y aura de décimales aux décimètres cubes à convertir.

D. Comment convertirez-vous les pouces cubes en centimètres cubes, et les centimètres cubes en pouces cubes ?

R. 1°. Pour convertir les pouces cubes en centimètres cubes, il faut multiplier le nombre invariable 19,8365 par les pouces cubes à convertir : le produit de la multiplication et de l'addition sera des centimètres cubes, après avoir retranché 4 chiffres sur la droite ; les 3 chiffres après la virgule seront des millimètres cubes, attendu qu'il faut 1000 millimètres cubes pour 1 centimètre cube ; 2°. pour convertir les centimètres cubes en pouces cubes, il faut multiplier le nombre invariable 0,050412 par les centimètres et millimètres cubes : le produit de la multiplication et de l'addition sera des pouces cubes après avoir retranché 6 chiffres sur la droite, plus le nombre de chiffres qu'il y aura de décimales aux centimètres cubes à convertir.

D. Comment convertirez-vous les lignes cubes en millimètres cubes, et les millimètres cubes en lignes cubes ?

R. 1°. Pour convertir les lignes cubes en millimètres cubes, il faut multiplier le nombre invariable 11,479 par les lignes cubes à convertir : le produit de la multiplication et de l'addition sera des millimètres cubes après avoir retranché 3 chiffres sur la droite ; les 3 chiffres après la virgule seront des millièmes de millimètre cube ; 2°. pour convertir les millimètres cubes et fraction en lignes cubes, il faut multiplier le nombre invariable 0,08711 par les millimètres cubes et fraction : le produit de la multiplication et de l'addition sera des lignes cubes après avoir retranché 5 chiffres sur la droite, plus le nombre de chiffres qu'il y aura de décimales aux millimètres à convertir.

SEPTIÈME LEÇON.

Mesures itinéraires ou topographiques, anciennes et nouvelles, comparées entre elles.

D. A quoi servent les mesures itinéraires ou topographiques ?

R. A faire connaître et à fixer les distances d'un lieu à un autre.

D. Quelles étaient les anciennes mesures itinéraires de France ?

R. C'était 1°. la lieue de poste ; 2°. la lieue moyenne ; 3°. la lieue de 25 au degré, et 4°. la lieue de 20 au degré.

D. Que valait en toises de Paris la lieue de poste ?

R. Elle valait 2000 toises en longueur.

D. Que valait en lieue de Paris la lieue moyenne ?

R. Elle valait 2565 toises 37 centièmes de toise en longueur.

D. Que valait la lieue de 25 au degré en toises de Paris ?

R. Elle valait 2280 toises 33 centièmes de toise en longueur.

D. Que valait en toises de Paris la lieue de 20 au degré ?

R. Elle valait 2850 toises 41 centièmes de toise en longueur.

D. Quel inconvénient avaient la lieue de poste et la lieue moyenne ?

R. Celui d'exprimer des longueurs différentes selon les pays ou les localités.

D. Comment appelez-vous les mesures itinéraires qui remplacent les anciennes ?

R. Le *myriamètre* et le *kilomètre.*

D. Quelle est la longueur du myriamètre, et quelle partie est-il du quart du méridien terrestre, et du degré terrestre décimal ?

R. Le myriamètre est de 10000 mètres en longueur, ou de 5130 toises 74 centièmes de Paris, et est la millième partie du quart du méridien, et la dixième partie d'un degré terrestre décimal.

D. Quelle est la longueur du kilomètre, et quelle partie est-il du quart du méridien terrestre, et du degré terrestre décimal.

R. Le kilomètre vaut un dixième de moins que le myriamètre; il vaut 1000 mètres en longueur, ou 513 toises 074 millièmes de toise de Paris, et est la dix-millième partie du quart du méridien terrestre, et la centième partie du degré décimal, ou une *minute* décimale du degré terrestre.

D. Quelle est la longueur du décamètre, et quelle partie est-il du quart du méridien terrestre, et du degré terrestre décimal ?

R. Le décamètre vaut 1000 fois moins que le myriamètre, et 100 fois moins que le kilomètre; il vaut donc 10 mètres en longueur, ou 5 toises 13074 cent-millièmes de toise de Paris, et est la millionième partie du quart du méridien terrestre, et la dix-millième partie du degré décimal, ou une *seconde* décimale du degré terrestre.

D. Quel avantage ont les nouvelles mesures itinéraires, d'après ce que nous venons de dire ?

R. Elles ont l'avantage d'être commodes pour la géographie et la navigation.

D. Quel est le rapport de la lieue de poste de 2000 toises de Paris, au myriamètre et au kilomètre? (La lieue de poste était marquée, sur les routes, par des bornes placées de 1000 en 1000 toises, dont 2 bornes faisaient une lieue.)

R. La lieue de poste de 2000 toises de Paris vaut 0 myriamètre, 3 kilomètres, 8 hectomètres, 9 décamètres et 8 mètres, ou 3898 mètres : 1000 myriamètres font le quart du méridien, et 1000 myriamètres donnant 2565 lieues anciennes 37 centièmes de lieue, la circonférence de la terre est donc de 10251 lieues 481 millièmes de lieue de 2000 toises l'une, ou de 20502962 toises, produit de 10251,481 multipliés par 2000, après avoir retranché 3 chiffres sur la droite, à cause des 3 décimales qu'il y a aux 10251 lieues 481 millièmes de lieue.

D. Quel est le rapport du myriamètre à la lieue de poste de 2000 toises, et de la lieue de poste au kilomètre ?

R. Le myriamètre vaut 2 lieues de poste 56537 cent-millièmes, et le kilomètre vaut 0 toise de poste 256537 millionièmes de lieue de poste.

D. Quel est le rapport de la lieue moyenne de 2565 toise 37 centièmes de Paris, au myriamètre et au kilomètre ?

R. Deux de ces lieues font exactement 1 myriamètre ou 10000 mètres (le myriam. valant 5130 toises 74 cent. de Paris). Le quart du méridien terrestre, composé de 1000 myriamètres, contenait donc 2000 lieues de 2565 toises 37 cent. de Paris, ce qui donnait pour la circonférence du globe 8000 lieues de 2565 toises 37 cent. de Paris. La lieue de 2565 toises 37 cent. de Paris répond exactement à une mesure itinéraire appelée *parasange*, en usage dans l'Égypte, la Turquie et dans presque toute l'Asie. (Voyez la *Métrologie universelle* de Palaiseau, pag. 250, article Turquie.) C'est cette lieue qui, d'après l'arrêté du gouvernement du 25 thermidor an 11, fixe la distance de Paris aux chefs-lieux des départemens.

D. Quel est le rapport de la lieue de 2280 toises $\frac{1}{3}$ de Paris, celle de 25 au degré, au myriamètre et au kilomètre ?

R. La lieue de 2280 toises $\frac{1}{3}$ vaut 0 myriam. 4 kilom. 4 hectom. 4 décam. et 4 mètres, ou 4444 mètres. Neuf lieues de 2280 toises $\frac{1}{3}$ valent exactement 4 myriam., ou 40000 mètres.

D. Quel est le rapport du myriam. et du kilom., à la lieue de 25 au degré, de 2280 toises $\frac{1}{3}$?

R. Le myriam. vaut 2 lieues 25 cent. de 2280 toises $\frac{1}{3}$, et le kilom. vaut 0 lieue 225 mill. de 2280 toises $\frac{1}{3}$. D'après cela 1000 myriam., le quart du méridien terrestre font donc exactement 2250 lieues de 2280 toises $\frac{1}{3}$ de 25 au degré; ainsi, la circonférence de la terre est donc de 9000 lieues de 25 au degré, de 2280 toises $\frac{1}{3}$.

D. Quel est le rapport de la lieue marine de 20 au degré, de 2850 toises 41 cent., au myr. et au kilom. ?

R. La lieue de marine de 20 au degré, de 2850 toises 41 cent., vaut 0 myriam. 5 kilom. 5 hectom. 5 décam. et 6 mètres, ou 5556 mètres.

D. Quel est le rapport du myriam. et du kilom., à la lieue marine de 20 au degré, de 2850 toises 41 cent.

R. Le myriam. vaut 1 lieue marine 8 dixièmes, et le kilom. vaut o lieue marine 18 cent. de 20 au degré, de 2850 toises 41 cent. 5 myriam., ou 50000 mètres, valent exactement 9 lieues marines de 20 degré, de 2850 toises 41 cent.; ainsi 1000 myriam., le quart du méridien terrestre, donnent 1800 lieues de 2850 toises 41 cent. de 20 au degré; la circonférence du globe contient donc 7200 lieues de 2850 toises 41 cent.

HUITIÈME LEÇON.

Mesures pour le bois de chauffage, anciennes et nouvelles, comparées entre elles.

D. Quelles étaient les anciennes mesures en usage en France, pour le bois de chauffage ?

R. La corde des eaux et forêts, la corde de port, la corde de grand bois, la voie, l'anneau, le tonneau, la brasse, etc.

D. Quel inconvénient avaient ces différentes mesures ?

R. Celui de ne présenter aucun terme de comparaison; la longueur des bûches, la hauteur et largeur des membrures variaient à l'infini dans chaque pays, et même dans les cantons et communes d'une même province.

D. Quelle est la nouvelle mesure pour le bois de chauffage qui remplace les anciennes ?

R. C'est le *stère* ou mètre cube, qui répond à 29 pieds cubes 1739 mill.

D. En donnant aux bûches la longueur de 10 décim. ou un mètre, ou 3 pieds 1 pouce à la membrure, 10 décim. ou une mètre, ou 3 pieds 1 pouce de couche, et 10 décim. ou un mètre, ou 3 pieds 1 pouce de hauteur, on aura donc 1 mètre cube?

R. Oui, puisqu'en multipliant 10 décim. (valeur du mètre) par 10., on a 100 pour carré, qui, multiplié par la troisième dimension 10 décim., donne 1000 décim. cubes, qui font bien 1 mètre cube. Les marchands de bois se servent du double stère, alors la membrure doit avoir 2 mètres de couche; la hauteur est toujours d'un mètre, ainsi que la longueur des bûches; et quand ils se servent du décastère, la couche doit avoir 10 mètres, etc.

D. Mais si les bûches avaient plus d'un mètre de long, ou moins d'un mètre, comment faudrait-il opérer pour trouver des mètres cubes ?

R. Pour convertir en stères ou mètres cubes une quantité quelconque de bois de chauffage, dont les bûches seraient plus longues ou plus courtes d'un mètre, il suffit de multiplier la longueur des bûches par la longueur de la pile, et le produit par la hauteur de la pile.

D. Donnez-nous un exemple?

R. Le voici. Supposons la longueur des bûches de m. 1,21 cent., 1re. dimension, 1er. multiplicande.
La longueur de la pile de 10,75 cent., 2e. dimension, 1er. multiplicateur.

605
847
121

Premier produit. . 13,0075 deuxième multiplicande.
Hauteur de la pile 7,24 cent., 3e. dimension, 2e. multiplicateur.

520300
260150
910525

Dernier produit. . . 94,174300 = 94 stères 17 cent. de stère.

J'ai retranché 6 chiffres sur la droite du dernier produit, attendu qu'il y a 2 décimales à chaque dimension, c'est-à-dire, 2 décimales à la longueur des bûches, première dimension, 2 décimales à la longueur ou couche de la pile, deuxième dimension, et 2 décimales à la hauteur de la pile, troisième dimension.

D. Que prouve l'opération que vous venez de faire ?

R. L'avantage des nouvelles mesures, et la facilité d'opérer promptement et sûrement.

D. Quelles étaient les mesures pour le bois de chauffage, les plus généralement connues?

R. La voie de Paris, la corde des eaux et forêts dite d'ordonnance, la corde de grand bois et la corde de port.

D. Quelles étaient les dimensions de la voie de bois de Paris?

R. Les bûches étaient de 3 pieds 6 pouces de long, la couche de la membrure était de 4 pieds, et la hauteur de 4 pieds, ce qui donnait 56 pieds cubes.

D. Démontrez-nous que ces trois dimensions produisent 56 pieds cubes?

R. Je commence par convertir les trois dimensions en pouces, attendu qu'il y a des pouces à une des dimensions; pour cela, je multiplie la première dimension, 3 pieds 6 pouces, par 12, attendu qu'il faut 12 pouces pour 1 pied; ainsi, les 3 pieds 6 pouces donnent, pour première dimension, 42 pouces: je convertis également la deuxième dimension en pouces, en multipliant 4 par 12, ce qui me donne pour deuxième dimension 48 pouces, et enfin je convertis la troisième dimension en pouces, en multipliant 4 par 12, ce qui me donne 48 pouces; je multiplie l'une par l'autre ces trois dimensions, ce qui produit des pouces cubes, que je divise par 1728 pour avoir des pieds cubes, attendu qu'il faut 1728 pouces cubes pour 1 pied cube.

D. Donnez-nous l'exemple?

R. Le voici.

Longueur des bûches	42	pouces, première dimension, premier multiplicande.
Longueur de la couche	48	pouces, deuxième dimension, premier multiplicateur.
	336	
	168	
Premier produit. . .	2016	deuxième multiplicande.
Hauteur de la couche	48	pouces, trois. dimension, deuxième multiplicateur.
	16128	
	8064	
Dernier produit. .	96768	pouces cubes.
Divis. 1728 po. cubes, valeur d'un pied cube.	10368	
Quot. 56 pieds cubes, preuve.	0000	

D. Quelles étaient les dimensions de la corde des eaux et forêts ou d'ordonnance?

R. Les bûches étaient de 4 pieds de long, la couche de 4 pieds de large, et la hauteur de 7 pieds, ce qui donne 112 pieds cubes (double de la voie de Paris), produit de 4 multiplié par 4, ce qui donne 16, qui, multiplié par 7, donne bien 112 pieds cubes.

D. Quelles étaient les dimensions de la corde dite de grand bois?

R. Les bûches étaient de 4 pieds de long, la couche de 4 pieds de large, et la hauteur de 8 pieds, ce qui donne 128 pieds cubes, produit de 4 multiplié par 4, donne 16, qui, multiplié par 8, donne bien 128 pieds cubes.

D. Quelles étaient les dimensions de la corde dite de port?

R. Les bûches étaient de 3 pieds 6 pouces ou 42 pouces de long, la couche de 8 pieds ou 96 pouces, et la hauteur de 5 pieds ou 60 pouces, ce qui donne 140 pieds cubes, produit de 42 multiplié par 96, donne 4032, qui, multiplié par 60, donne 241920 pouces cubes, qui, divisé par 1728, donne bien 140 pieds cubes.

D. Comment convertirez-vous les voies de bois de Paris en stères, et les stères en voies de bois de Paris?

R. 1°. Pour convertir les voies de bois de Paris en stères, il faut multiplier le nombre invariable 1, 919524 par le nombre de voies de bois de Paris : le produit de la multiplication et de l'addition sera des stères, après avoir retranché 6 chiffres sur la droite; les 2 chiffres après la virgule seront des centièmes de stère; 2°. pour convertir les stères en voies de bois de Paris, il faut multiplier le nombre invariable 0,520962 par le nombre de stères: le produit de la multiplication et de l'addition sera des voies de bois de Paris, après avoir retranché 6 chiffres sur la droite, plus le nombre de chiffres qu'il y aura de décimales aux stères à convertir.

D. Comment convertirez-vous les cordes des eaux et forêts en stères, et les stères en cordes des eaux et forêts?

R. 1°. Pour convertir les cordes des eaux et forêts en stères, il faut multiplier le nombre invariable 3,839048 par le nombre de cordes des eaux et forêts : le produit de la multiplication et de l'addition sera des stères, après avoir retranché 6 chiffres sur la droite ; les 3 chiffres après la virgule seront des millièmes de stères ; 2°. pour convertir les stères et fraction en cordes des eaux et forêts, il faut multiplier le nombre invariable 0,260481 par le nombre de stères et fraction ; le produit de la multiplication et de l'addition sera des cordes des eaux et forêts, après avoir retranché 6 chiffres sur la droite, plus le nombre de chiffres qu'il y aura de décimales aux stères à convertir.

D. Comment convertirez-vous les cordes dites de grand bois en stères, et les stères en cordes de grand bois ?

R. 1°. Pour convertir les cordes dites de grand bois en stères, il faut multiplier le nombre invariable 4,387483 par le nombre de cordes dites de grand bois : le produit de la multiplication et de l'addition sera des stères, après avoir retranché 6 chiffres sur la droite, les 3 chiffres après la virgule seront des millièmes de stères ; 2°. pour convertir les stères et fraction en cordes dites de grand bois, il faut multiplier le nombre invariable 0,22792 par le nombre de stères et fraction : le produit de la multiplication et de l'addition sera des cordes dites de grand bois, après avoir retranché 5 chiffres sur la droite, plus le nombre de chiffres qu'il y aura de décimales aux stères à convertir.

D. Comment convertirez-vous les cordes dites de port en stères, et les stères en cordes dites de port ?

R. 1°. Pour convertir les cordes dites de port en stères, il faut multiplier le nombre invariable 4,79882 par le nombre de cordes dites de port : le produit de la multiplication et de l'addition sera des stères, après avoir retranché 5 chiffres sur la droite ; les 3 chiffres après la virgule seront des millièmes de stères ; 2°. pour convertir les stères et fraction en cordes dites de port, il faut multiplier le nombre invariable 0,208385 par le nombre de stères et fraction : le produit de la multiplication et de l'addition sera des cordes dites de port, après avoir retranché 6 chiffres sur la droite, plus le nombre de chiffres qu'il y aura de décimales aux stères à convertir.

D. Quel est le tarif de ce qui doit être payé pour la vérification et le poinçonnage des mesures pour le bois de chauffage ?

R. Conformément à l'arrêté du 29 prairial an 9, art. XI, il doit être payé, savoir :

Pour le double stère (2 mètres cubes) et stère (mètre cube) 75 centimes.

NEUVIÈME LEÇON.

Mesures de capacité pour les liquides anciennes et nouvelles comparées entre elles.

D. Quelles étaient les anciennes mesures de capacité pour les liquides à Paris ?

R. Le muid, la feuillette, le quartaut, la velte et la pinte.

D. Que valaient le muid, la feuillette, le quartaut, la velte et la pinte ?

R. 1°. La capacité du muid était de	13521	pou. cubes	60	cent. de Paris ; il valait	288	pintes de Paris.
2°. La capac. de la feuill. était de	6760	*id.*	80	*id.*	144	*id.*
3°. La capac. du quartaut était de	3380	*id.*	40	*id.*	72	*id.*
4°. La capac. de la velte était de	375	*id.*	60	*id.*	8	*id.*
5°. La capac. de la pinte était de	46	*id.*	95	*id.*	1	*id.*

D. Quelles sont les mesures nouvelles qui ont remplacé les anciennes mesures de France ?

R. Le *kilolitre* (mètre cube), l'*hectolitre* (cent décimètres cubes), le *décalitre* (dix décimètres cubes), le *litre* (un décimètre cube), le *décilitre* (cent centimètres cubes), le *centilitre* (dix centimètres cubes), et le *millilitre* (un centimètre cube).

D. Quel est le rapport du *muid*, de la *feuillette*, du *quartaut*, de la *velte* et de la *pinte* de Paris au kilolitre, à l'hectolitre, au décalitre, au litre, au décilitre et centilitre ?

R. 1°. Le muid vaut	0 kil.,	2 hect.,	6 décal.,	8 litr.,	2 décil.,	2 centil.,	ou bien 268 litres	22 centilitres.
2°. La feuillette vaut	0 *id.*	1 *id.*	3 *id.*	4 *id.*	1 *id.*	1 *id.*	134 *id.*	11 *id.*
3°. Le quartaut vaut	0 *id.*	0 *id.*	6 *id.*	7 *id.*	0 *id.*	5 *id.*	67 *id.*	055 millilitres.
4°. La velte vaut	0 *id.*	0 *id.*	0 *id.*	7 *id.*	4 *id.*	5 *id.*	7 *id.*	45 centilitres.
5°. La pinte vaut	0 *id.*	0 *id.*	0 *id.*	0 *id.*	9 *id.*	3 *id.*	0 *id.*	931 millilitres.

D. Quel est le rapport du kilolitre, de l'hectolitre, du décalitre, litre, décilitre et centilitre en pintes de Paris de 46 pouces cubes 95 centièmes?

R. 1°. Le kilolitre vaut 1000 litres ou 50412 pouces cubes $\frac{4}{10}$, ou 1073 pintes $\frac{75}{100}$, ou 3 muids 7283 dix-millièmes.

2°. L'hectolitre vaut 100 litres ou 5041 pouces cubes $\frac{24}{100}$, ou 107 pintes $\frac{374}{1000}$, ou 0 feuillette 7457 dix-millièmes.

3°. Le décalitre vaut 10 litres ou 504 pouces cubes $\frac{124}{1000}$, ou 10 pintes $\frac{73}{100}$, ou 0 quartaut 1491 dix-millièmes.

4°. Le litre vaut 1 litre ou 50 pouces cubes $\frac{4124}{10000}$, ou 1 pinte $\frac{07}{100}$, ou 0 velte 1342 dix-millièmes,

5°. Le décilitre vaut 0 litre ou 5 pouces cubes $\frac{04124}{100000}$, ou 0 pinte $\frac{11}{10}$.

6°. Le centilitre vaut 0 litre ou 0 pouce cube $\frac{504124}{1000000}$, ou 0 pinte $\frac{1}{1000}$.

D. Vous voyez ci-dessus que la pinte ancienne de Paris vaut 46 pouces cubes 95 centièmes, et que le litre vaut 50 pouces cubes 4124 dix-millièmes; il s'en suit donc que l'ancienne pinte de Paris est plus petite de 3 pouces cubes 4624 dix-millièmes que le litre. Comment pouvez-vous connaître et vérifier la mesure du marchand sans faire de calcul, dans le cas où il donnerait la pinte pour un litre?

R. En mesurant la profondeur et le diamètre de la mesure.

D. Quelles étaient les dimensions de la double pinte de Paris, de la pinte, de la $\frac{1}{2}$ pinte, du $\frac{1}{12}$ de pinte et du $\frac{1}{16}$ de pinte de Paris?

R. Les voici.

Dimensions des anciennes mesures de capacité pour la vente des vins et eaux-de-vie en détail.

Double pinte de Paris de 93 po. cubes 9 dixièmes.	Pinte de Paris de 46 pouces cubes 95 centièmes.	Demi-pinte de Paris. de 23 po. cubes 47 centièmes.	Douz. de pinte de Paris de 3 pouc. cubes 91 centièmes.	Seiz. de pinte de Paris de 2 pouc. cubes 94 centièmes.	OBSERVATIONS.
Profondeur 8 pouces $\frac{3}{14}$ de lig. ou 96 lignes 214 millié. de ligne. Diam., 3 pouces 10 lig. $\frac{1}{3}$ de lig., ou 46 lignes $\frac{1}{10}$.	Profondeur 5 pouces 11 lignes $\frac{1}{5}$, ou 71 lign. $\frac{5}{10}$. Diam., 3 pouc. 2 lignes, ou 38 lignes de Paris.	Profondeur 3 pouc. 3 lign. $\frac{6}{7}$, ou 39 lignes 84 cent. Diamètre, 3 pouces, ou 36 lignes de Paris.	Profondeur 2 pouc. 3 lig. $\frac{9}{10}$, ou 27 lignes $\frac{9}{10}$. Diam., 1 pouce 5 lign. $\frac{2}{5}$, ou 17 lign. $\frac{6}{10}$ de Paris.	Profondeur 2 pouc. 2 lign. $\frac{1}{7}$, ou 26 lignes 33 cent. Diamètre, 1 pouce 3 lignes $\frac{2}{5}$, ou 15 lignes 66 cent. de Paris.	D'après l'examen qui a été fait de la capacité de la pinte de Paris, il a été reconnu qu'elle ne contenait que 46 pouc. cubes 95 centièmes, au lieu de 48 pouces cubes; c'est d'après cette fixation officielle que nous avons établi les rapports ci-dessus.

D. Comment ferez-vous l'opération pour trouver la capacité en pouces cubes de la pinte de Paris?

R. Pour la trouver, il faut multiplier le diamètre par 22 et diviser le produit par 7, pour avoir la circonférence, dont on prend la moitié qu'on multiplie par la moitié du diamètre pour avoir des lignes carrées; on multiplie ensuite les lignes carrées par la profondeur, afin d'obtenir des lignes cubes, et on divise ensuite le produit par 1728, attendu qu'il faut 1728 lignes cubes pour faire un pouce cube: le quotient de la division sera des pouces cubes et la capacité cherchée.

D. Pourquoi faut-il multiplier le diamètre par 22, et diviser le produit par 7, pour avoir la circonférence

R. Parce que *Archimède* a trouvé qu'un cercle qui aurait 7 unités de diamètre en aurait 22 de circonférence; ainsi, il sera donc toujours aisé, au moyen du rapport de 7 à 22, de trouver la circonférence d'un cercle dont on aurait le diamètre.

D. Qu'entendez-vous par *diamètre* et *circonférence?*

4

R. Le diamètre est la ligne droite qui, passant par le centre du cercle, le divise en deux parties égales, et la circonférence est le tour de la figure ou la ligne qui enferme le cercle.

D. Quelle est la forme et les dimensions des nouvelles mesures pour le vin et l'eau-de-vie en détail?

R. La forme est *cylindrique*, c'est-à-dire, de figure longue et ronde, et d'égale grosseur partout : la hauteur est double du diamètre. (Voir le tableau ci-après).

Nota. En comptant la pinte de Paris pour 48 pouces cubes, 1 velte vaudrait 7 litres 6 décilitres et 2 centilitres; 10 veltes vaudraient 76 litres 2 décilitres; et 100 veltes vaudraient 762 litres. Au lieu qu'en comptant la pinte pour 46 pouces cubes 95 centièmes, sa capacité réelle, 1 velte ne vaut que 7 litres 4 décilitres et 5 centilitres; 10 veltes valent 74 litres 5 décilitres; et 100 veltes valent 745 litres.

NOMS des MESURES.	Valeur en litres.	Valeur en millimètr.	Hauteur en millimètr.	Diamètre en pieds, pouces et lignes de Paris.	Hauteur en pieds, pouces et lignes de Paris.	Valeur en pouces cubes de Pais.
	Lit. centil.			Pieds, pouc. lign.	Pieds, pouc. lign.	P. c. fract.
Hectolitre.	100 »	399 3	798 5	1 2 9	2 5 6	5041 24
Demi-hectolitre. .	50 »	316 9	633 8	» 11 8 ½	1 11 5	2520 62
Double décalitre.	20 »	233 5	467 »	» 8 7 ½	1 5 3	1008 248
Décalitre.	10 »	185 3	370 6	» 6 10 1/7	1 1 8 2/3	504 124
Demi-décalitre. . .	5 »	147 1	294 2	» 5 5 1/7	» 10 10 2/5	252 062
Double litre. . . .	2 »	108 4	216 7	» 4 »	» 8 »	100 8248
Litre.	1 »	86 »	172 »	» 3 2 1/8	» 6 4 ¼	50 4124
Demi-litre.	0 50	68 3	136 6	» 2 6 2/7	» 5 » 5/6	25 2062
Double décilitre. .	0 20	50 3	100 6	» 1 10 3/10	» 3 8 4/7	10 08248
Décilitre.	0 10	39 9	79 8	» 1 5 2/3	» 2 11 1/1	5 04124
Demi-décilitre. . .	0 05	31 7	63 4	» 1 2 1/10	» 2 4 1/10	2 52062

D. Comment faut-il opérer pour trouver combien une mesure cylindrique contient de litres, le diamètre étant exprimé en millimètres ainsi que la hauteur.

R. Il faut multiplier le diamètre par 3,14, prendre la moitié du produit, multiplier la moitié de ce produit par la moitié du diamètre connu, le produit par la hauteur ou longueur connue : le produit de la multiplication et de l'addition sera des litres, après avoir retranché 6 chiffres sur la droite, plus le nombre de chiffres qu'il y aura de décimales aux millimètres. 1000 millimètres font 1 centimètre cube, comme 1000 centimètres font 1 décimètre cube, et comme enfin 1000 décimètres font 1 mètre cube.

D. Quelles sont les dimensions des nouvelles barriques pour le vin et l'eau-de-vie, leur contenance en litres et en pouces cubes de Paris?

R. Voir le tableau ci-contre.

NOMS DES PIÈCES.	Capacité en litres.	LONGUEUR INTÉRIEURE de la barrique en		DIAMÈTRE DU BOUGE de la barrique en		DIAMÈTRE DES FONDS de la barrique en		VALEUR des barriques en pou. cubes de Paris.
		Millimètres.	Pieds, pouces et lign. de Paris.	Millimètres.	Pieds, pouces et lign. de Paris.	Millimètres.	Pieds, pouces et lign. de Paris.	
			Pi., po. lig.		Pi., po. lig.		Pi., po. lig.	Po. c. cent.
Demi-hectolitre.	50	454	1 4 9 1/4	389	1 2 4 1/2	345	1 » 9 1/3	2520 62
1 hectolitre.	100	572	1 9 1 1/2	490	1 5 3 1/5	435	1 4 » 5/6	5041 24
2 *id.*	200	720	2 2 7 1/16	618	1 10 10	548	1 8 2 9/10	10082 48
3 *id.*	300	825	2 6 5 5/7	707	2 2 5 2/3	628	1 11 3 2/3	15123 72
4 *id.*	400	908	2 9 2 1/2	778	2 4 8 2/3	691	2 1 6 4/11	20164 86
5 *id.*	500	978	3 0 1 1/2	838	2 6 11 1/2	745	2 3 6 1/2	25206 20
6 *id.*	600	1039	3 2 4 1/2	891	2 8 11	791	2 5 2 2/3	30247 44
7 *id.*	700	1093	3 4 4 1/2	938	2 10 7 4/5	833	2 6 9 1/2	35288 68
8 *id.*	800	1144	3 6 3 1/5	980	3 » 2 3/5	871	2 8 2 1/10	40329 92
9 *id.*	900	1190	3 7 11 1/2	1019	3 1 7 7/10	906	2 9 5 1/3	45371 16
10 *id.* ou 1 kilolitre. . .	1000	1232	3 9 6 1/10	1056	3 3 1/11	938	2 10 7 4/5	50412 40

D. Dans quels rapports le tableau ci-dessus est-il établi ?

R. D'après l'instruction du 7 pluviôse an 7 qui a réglé la forme des nouvelles futailles, en sorte que la longueur intérieure de la barrique, le diamètre du bouge de la barrique, et le diamètre des fonds de la barrique, fussent toujours dans le rapport de 10,5,9 et 8 ; c'est-à-dire, que la longueur intérieure doit être de 10 ½ à 9 pour le diamètre du bouge, et la longueur intérieure de 10 ½ à 8 pour le diamètre des fonds ; ainsi, pour trouver les rapports ci-dessus, il suffit donc de multiplier la longueur intérieure par 9, et diviser le produit par 105 pour avoir le diamètre du bouge, et, pour avoir le diamètre des fonds, on multiplie la longueur intérieure par 8, et on divise par 105.

D. Comment faut-il opérer pour trouver ce que contient en litres une barrique ou tonneau de vin, dont la longueur intérieure est exprimée en millimètres, ainsi que les diamètres du bouge et des fonds, comme par le tableau ci-dessus ?

R. Pour trouver le nombre de litres que contient le tonneau ou la barrique, il faut doubler le diamètre du bouge, et l'additionner avec le diamètre des fonds, et prendre ensuite le tiers du produit qui sera le diamètre moyen ; on multiplie ensuite le diamètre moyen (pour éviter la proportion de 7 à 22) par 3,143 (rapport d'Archimède présenté en décimales) : le produit de la multiplication et de l'addition sera des millimètres de circonférence dont on prend la moitié, qu'on multiplie par la moitié du diamètre moyen ; le produit de la multiplication et de l'addition sera des millimètres carrés qui seront multipliés par la longueur intérieure ; le produit sera des millimètres cubes, desquels on retranchera 1°. autant de chiffres sur la droite qu'il y aura de décimales aux millimètres ; et 2°. enfin 6 chiffres de plus, attendu qu'il faut un million de millimètres cubes pour 1 litre ou décimètre cube ; tous les chiffres devant la virgule seront des litres.

D. Comment convertirez-vous les veltes en litres, et les litres en veltes ?

R. 1°. Pour convertir les veltes en litres, il faut multiplier le nombre invariable 7,45055 par le nombre de veltes à convertir : le produit de la multiplication et de l'addition sera des litres, après avoir retranché 5 chiffres sur la droite ; les 5 chiffres après la virgule seront des centilitres ; 2°. pour convertir les litres et centilitres en veltes, il faut multiplier le nombre invariable 0,13422 par le nombre de litres et centilitres : le produit de la multiplication et de l'addition sera des veltes, après avoir retranché 5 chiffres sur la droite, plus le nombre de chiffres qu'il y aura de décimales aux litres à convertir.

D. Comment convertirez-vous les pintes en litres, et les litres en pintes ?

R. 1°. Pour convertir les pintes en litres, il faut multiplier le nombre invariable 0,93132 par les pintes à convertir : le produit de la multiplication et de l'addition sera des litres après avoir retranché 5 chiffres sur la droite ; les 2 chiffres après la virgule seront des centilitres ; 2°. pour convertir les litres et centilitres en pintes, il faut multiplier le nombre invariable 1,07375 par les litres à convertir : le produit de la multiplication et de l'addition sera des pintes de Paris après avoir retranché 5 chiffres sur la droite, plus le nombre de chiffres qu'il y aura de décimales aux litres à convertir.

D. Quel est le tarif de ce qui doit être payé pour la vérification et le poinçonnage des mesures pour les liquides ?

R. Conformément à l'arrêté du 29 prairial an 11, il doit être payé, savoir :

Par double décalitre (mesure de 20 litr.), décal. (mesure de 10 litr.) et demi-décal. (5 litr.)	50 cent.
Par litre.	15 *id.*
Par double litre (2 litres).	20 *id.*
Par demi-litre, double décilitre (cinquième partie du lit.), décilitre (dixième partie du lit.).	10 *id.*

Pour les mesures à lait, il sera payé moitié seulement des sommes ci-dessus.

D. Quelles sont les erreurs tolérables sur les mesures pour les liquides, d'après les instructions émanées du ministre de l'intérieur ?

R. Les erreurs tolérables sont pour les mesures pour les liquides, savoir :

Double litre (2 lit.), il est toléré en plus seulement	3 gr.	sur les mesures à vin, et	4 gr.	pour celles à lait.
Le litre.	2	*id.*	3	*id.*
Demi-litre.	1 $\frac{1}{2}$	*id.*	2	*id.*
Double décilitre.	1	*id.*	1 $\frac{1}{2}$	*id.*
Décilitre.	0 $\frac{6}{10}$	*id.*	1	*id.*
Demi-décilitre.	0 $\frac{4}{10}$	*id.*	0	*id.*
Double centilitre.	0 $\frac{3}{10}$	*id.*	0	*id.*
Centilitre.	0 $\frac{2}{10}$	*id.*	0	*id.*

Les mesures en cuivre ne sont pas recevables à la vérification ; celles d'alliage, d'étain et de plomb, doivent être de $\frac{18}{100}$ de plomb, et de $\frac{82}{100}$ d'étain : celles pour le lait peuvent être en fer-blanc.

D. Quel est le poids de l'eau que contient le litre ?

R. De 1 kilogramme ou 1000 grammes.

D. Quel est le poids du vin et de l'eau-de-vie que contient le litre ?

R. Pas tout-à-fait 1 kilogramme, au surplus ces matières ne se vendent pas au poids.

D. Combien pèse le litre d'huile à manger ?

R. Cette matière est plus légère que les autres liquides, d'après les expériences faites ; le litre d'huile à manger pèse, à la température de 14 degrés du thermomètre de Réaumur, 915 grammes, c'est-à-dire, 85 grammes moins que l'eau.

DIXIÈME LEÇON.

Mesures de capacité pour les grains, anciennes et nouvelles, comparées entre elles.

D. Quelles étaient les anciennes mesures en usage à Paris pour les grains et matières sèches ?

R. Le muid, le setier, le boisseau et le litron.

D. Que valait le muid, le setier, le boisseau et le litron, et quel était leur poids moyen en froment ?

R. 1°. Le muid valait 94436 po. c. $\frac{1}{5}$,	et contenait 12 set.,	et était compté pour	2880	liv. poids de marc.
2°. Le setier valait 7869 po. c. $\frac{2}{5}$,	et contenait 12 boisseaux,	*id.*	240	*id.*
3°. Le boisseau valait 655 po. c. $\frac{78}{100}$,	et contenait 16 litrons,	*id.*	20	*id.*
4°. Le litron valait 41 po. c.,		*id.*	1 $\frac{1}{4}$	*id.*

D. Quelles sont les nouvelles mesures pour les grains, qui remplacent les anciennes ?

R. Le *kilolitre* (mètre cube), l'*hectolitre* (100 décimètres cubes), le *décalitre* (10 décimètres cubes), le *litre* (1 décimètre cube), le *décilitre* (100 centimètres cubes), le *centilitre* (10 centimètres cubes), et le *millilitre* (1 centimètre cube).

D. Quelle est la valeur de ces nouvelles mesures en litres, pouces cubes, et poids moyen en kilogrammes, etc. ?

R. 1°. Le kilolitre vaut 50412 pouces cubes $\frac{3}{5}$ ou 1000 litres, et pèse, poids moyen, 752 kilogrammes.
2°. L'hectolitre vaut 5041 pouces cubes $\frac{24}{100}$ ou 100 litres, *id.* 75 kilog. 2 hect.
3°. Le décalitre vaut 504 pouces cubes $\frac{124}{1000}$ ou 10 litres, *id.* 7 kil. 52 décigr.
Et 4°. Le litre vaut 50 pouces cubes $\frac{4124}{10000}$ ou 1 litre, *id.* 0,752 grammes.

D. Quelles sont les mesures usuelles pour les grains et matières sèches ?

R.

Un	hectolitre, 8 boisseaux,	5041	pouces cubes	24	centièmes.
Un demi	*id.* 4 *id.*	2520	*id.*	62	*id.*
Un quart	*id.* 2 *id.*	1260	*id.*	31	*id.*
Un	litre	50	*id.*	4124	dix-millièmes.
Un demi	*id.*	25	*id.*	2062	*id.*
Un quart	*id*	12	*id.*	6031	*id.*
Un huitième	*id.*	6	*id.*	3015	*id.*

D. Quelles étaient la forme et les dimensions de l'ancien boisseau de Paris ?

R. La forme était *cubique*, c'est-à-dire, de six faces carrées, comme qui dirait un dé à jouer ; les dimensions étaient savoir :

Hauteur du boisseau, 8 pouces 8 lignes $\frac{1}{4}$ un peu plus, ou 104 lignes 257 millièmes.

Profondeur du boisseau, 8 pouces 8 lignes $\frac{1}{4}$ un peu plus, ou 104 lignes 257 millièmes.

D. Quelle est la forme et les dimensions des nouvelles mesures pour les grains et matières sèches ?

R. La forme est *cylindrique*, c'est-à-dire, d'une figure longue et ronde, et d'égale grosseur partout ; la hauteur est égale au diamètre. (Voir le tableau ci-après.)

NOMS des MESURES.	LEUR VALEUR en litres.	LEUR VALEUR en pouces cubes de Paris et fraction de pouces cubes.		HAUTEUR et diamètre, en millimètres et fraction.		HAUTEUR et diamètre en pieds, pouces et lignes de Paris, et fraction de ligne.			POIDS MOYEN de la mesure de froment en kilogrammes.	
		P. c.	fract.			Pieds,	pouc.	lign.	Kil.	fract.
Kilolitre	1000	50412	40	1084	3	3	4	» 2\3	752	
Demi-kilolitre	500	25206	20	860	4	2	7	9 1\4	376	
Double hectolitre	200	10082	48	633	9	1	5	11	150	40
Hectolitre	100	5041	24	503	4	1	6	7 1\6	75	20
Demi-hectolitre	50	2520	62	399	3	1	2	9 1\10	37	60
Double décalitre	20	1008	248	294	2	»	10	10 2\5	15	04
Décalitre	10	504	124	233	6	»	8	7 1\2	7	52
Demi-décalitre	5	252	062	185	3	»	6	10 1\5	3	76
Double litre	2	100	8248	136	6	»	5	» 1\2	1	504
Litre	1	50	4124	108	4	»	4	»	0	752
Demi-litre	0 50 cent.	25	2062	86	1	»	3	2 1\5	0	376
Double décilitre	0 20	10	08248	63	4	»	2	4 1\9	0	151
Décilitre	0 10	5	0412	50	3	»	1	10 1\3	0	0752

D. Comment convertirez-vous les boisseaux en décalitres, et les décalitres en boisseaux de Paris ?

R. 1°. Pour convertir les boisseaux en décalitres, il faut multiplier le nombre invariable 1,30083 par le nombre de boisseaux : le produit de la multiplication et de l'addition sera des décalitres après avoir retranché 5 chiffres ; le chiffre après la virgule sera des litres, et les 2 chiffres après les litres seront des centilitres ; 2°. pour convertir les décalitres et litres en boisseaux, il faut multiplier le nombre invariable 0,76874 par le nombre de décalitres et litres ; le produit de la multiplication et de l'addition sera des boisseaux après avoir retranché 5 chiffres, plus le nombre de chiffres qu'il y aura de décimales au nombre à convertir.

D. Comment convertirez-vous les kilolitres suivis d'hectolitres, de décalitres et litres, en kilogrammes, hectogrammes, décagrammes et grammes ?

R. Pour convertir les kilolitres suivis d'hectolitres, de décalitres et litres, en kilogrammes, il suffit de multiplier les kilolitres, hectolitres, décalitres et litres par 752, poids moyen du kilolitre de froment.

D. Ne peut-on pas trouver le poids moyen en kilogrammes, hectogrammes, décagrammes et grammes, et la valeur en kilolitres, hectolitres, décalitres et litres, d'une quantité quelconque de grain froment, sans mesures de capacité, ni sans le secours de la balance, ni poids?

R. Oui, et par une opération bien simple.

D. Voulez-vous nous la faire connaître?

R. Oui. Nous avons dit plus haut que le kilolitre était un mètre cube, c'est-à-dire, 10 décimètres de haut, 10 décimètres de large, et 10 décimètres de longueur, ce qui fait 1000 décimètres pour 1 mètre cube; le décimètre cube est de 10 centimètres de haut, 10 centimètres de long, et 10 centimètres de large, ce qui fait 1000 centimètres pour 1 décimètre cube; et enfin le centimètre cube est de 10 millimètres de haut, 10 millimètres de large et 10 millimètres de longueur, ce qui fait 1000 millimètres pour 1 centimètre cube. D'après cela, pour trouver sans mesures de capacité, ni sans le secours de la balance, ni poids, la valeur d'une quantité quelconque de grain froment en kilolitres, hectolitres, décalitres, litres, décilitres et centilitres, il faut mettre le grain sur couche de la longueur, largeur et hauteur qu'on voudra, mais avec l'attention que la largeur soit la même partout, ainsi que la hauteur de la couche, ce qui est facile à faire en retenant le grain de chaque côté et aux extrémités de la couche, par des planches qu'on a l'attention de placer bien droites et de champ, de manière que le grain conserve sa largeur et hauteur; cette opération faite, on mesure avec un cordeau, ou tout autre chose, la longueur, la largeur et la hauteur: on obtient donc, tant de mètres, décimètres et centimètres de longueur, première dimension, de largeur, deuxième dimension, et de hauteur, troisième dimension, lesquelles trois dimensions multipliées les unes par les autres donnent des mètres cubes (ou kilolitres), et fraction de mètres cubes.

D. Quel est le tarif de ce qui doit être payé pour la vérification et le poinçonnage des mesures de capacité pour les matières sèches?

R. Conformément à l'arrêté du 29 prairial an 9, art. XI, il doit être perçu, savoir:

Pour les hectolitres à pieds et sans pieds	(100 litres)	75	centimes.
Pour les demi-hectolitres.	(50 litres)	50	*id.*
Pour les doubles décalitres.	(20 litres)	12	*id.*
Pour les décalitres.	(10 litres)	10	*id.*
Pour les demi-décalitres.	(5 litres)	7	*id.*
Pour les doubles litres.	(2 litres)	5	*id.*
Pour les lit., demi-lit., doubles décilitr. et décilitr.		5	*id.*

D. Quelles sont les erreurs tolérables sur les mesures pour les matières sèches, d'après les instructions émanées du ministre de l'intérieur?

R. Les erreurs tolérables sont, savoir: en plus seulement de $\frac{1}{100}$ sur les mesures en chêne, et $\frac{1}{50}$ sur celles en hêtre ou autres bois; on vérifie la contenance de ces mesures avec de la graine de navette versée dans une trémie. La hauteur de chaque mesure doit être égale à son diamètre; si ces dimensions diffèrent de la grandeur fixée, les différences doivent être en plus ou en moins, et ne pas excéder $\frac{1}{24}$,

ONZIÈME LEÇON.

Poids et mesures de pesanteur anciennes et nouvelles comparées entre elles.

D. Quelles étaient les mesures de pesanteur anciennement en usage à Paris, et dans une grande partie de la France?

R. Le quintal, la livre, le marc, l'once, le gros, le denier et le grain.

D. Que valaient ces différens poids, et quelles étaient leur division?

R. 1°. Le quintal valait 100 livres poids de marc, ou 200 marcs, ou 1600 onces, ou 12800 gros, ou 38400 deniers, ou 921600 grains.

2°. La livre valait 1 livre poids de marc, ou 2 marcs, ou 16 onces, ou 128 gros, ou 384 deniers, ou 9216 grains.

3°. Le gros valait o livre poids de marc, o marc, o once, ou 1 gros, ou 3 deniers, ou 72 grains.

4°. Le denier valait o livre poids de marc, o marc, o once, ou o gros, ou 1 denier, ou 24 grains.

D. Quels sont les nouveaux poids qui remplacent les anciens?

R. Le *myriagramme*, le *kilogramme*, l'*hectogramme*, le *décagramme*, le *gramme* (unité), le *décigramme*, le *centigramme* et le *milligramme*.

D. Faites-nous connaître la valeur de ces différens poids?

R. 1°. Cent kilogrammes sont le poids d'un hectolitre, ou 100 décimètres cubes; ils valent 204 livres 29 centièmes poids de marc.

2°. Le myriagramme vaut 10 kilogrammes ou 10000 grammes, c'est le poids de 10 décimètres cubes ou d'un décalitre; il vaut 188271 grains et $\frac{1}{7}$ de la livre poids de marc.

3°. Le kilogramme est la dixième partie du myriagramme; il vaut 1000 grammes, c'est le poids du décimètre cube ou d'un litre; il vaut 18827 grains 15 centièmes de la livre poids de marc.

4°. L'hectogramme est la centième partie du myriagramme, et dixième partie du kilogramme; il vaut 100 grammes, c'est le poids de 100 centimètres cubes ou d'un décilitre; il vaut 1882 grains 715 millièmes de la livre poids de marc.

5°. Le décagramme est la millième partie du myriagramme, centième partie du kilogramme, dixième partie de l'hectogramme; il vaut 10 grammes, c'est le poids de 10 centimètres cubes ou d'un centilitre; il vaut 188 grains 2715 dix-millièmes de la livre poids de marc.

6°. Le gramme est la dix-millième partie du myriagramme, millième partie du kilogramme, centième partie de l'hectogramme, et dixième partie du décagramme; il vaut 1 gramme, c'est le poids d'un centimètre cube ou d'un millilitre; il vaut 18 grains 82715 cent-millièmes de la livre poids de marc.

7°. Le décigramme est le poids de 100 millimètres cubes; il vaut 1 grain 882715 millioniėmes de la livre poids de marc.

8°. Le centigramme est le poids de 10 millimètres cubes; il vaut o grain 1882715 dix-millioniėmes de la livre poids de marc.

Et 9°. le milligramme est le poids de 1 millimètre cube; il vaut o grain 01882715 cent-millioniėmes de la livre poids de marc.

	livres	onces	gros	grains	centièmes de grain	
Le myriagramme vaut	20	6	6	63	82	Poids de marc
Le kilogramme. . . .	2	0	5	35	15	
L'hectogramme. . . .	0	3	2	10	71	
Le décagramme. . . .	0	0	2	44	26	
Le gramme.	0	0	0	18	83	
Le décigramme. . . .	0	0	0	1	88	
Le centigramme. . .	0	0	0	0	19	
Et le milligramme. .	0	0	0	0	02	

Mille kilogrammes sont le poids d'un mètre cube ou d'un kilolitre, et remplacent le tonneau de mer; il pèse 2042 livres 88 cent. poids de marc.

D. Comment convertirez-vous les livres poids de marc en kilogrammes, et les kilogrammes en livres poids de marc?

R. 1°. Pour convertir les livres poids de marc en kilogrammes, il faut multiplier le nombre invariable 0,489506 par les livres poids de marc: le produit de la multiplication et de l'addition sera des kilogrammes après avoir retranché 6 chiffres sur la droite; les 3 chiffres après la virgule seront des grammes; 2°. pour convertir les kilogrammes et fraction en livres poids de marc, il faut multiplier le nombre invariable 2,042877 par les kilogrammes et fraction à convertir: le produit de la multiplication et de l'addition sera des livres poids de marc après avoir retranché 6 chiffres sur la droite, plus le nombre de chiffres qu'il y aura de décimales aux kilogrammes à convertir.

D. Quel est le tarif de ce qui doit être payé pour la vérification et le poinçonnage des poids?

R. Conformément à l'arrêté du 29 prairial an 11; il doit être perçu sur les poids, savoir:

Poids de 20, 10 et 5 kilogrammes. . . .	25	centimes.	Pour les poids en fer.
Double kilogr., kilogr. et demi-kilogr. . .	10	*id.*	
Double hectog., hect. et poids au-dessous	5	*id.*	

Pour les poids en cuivre, il sera payé moitié en sus des sommes ci-dessus. Le kilogramme en cuivre divisé payera pour l'ensemble des pièces qui le composent, 30 centimes.

D. Quelles sont les erreurs tolérables sur les poids d'après les instructions émanées du ministre de l'intérieur ?

R. Les erreurs tolérables sont, savoir :

Pour 50 kilogrammes, les erreurs ne peuvent excéder, en plus seulement sur les poids en fer, 20 gr., et sur ceux en cuivre o.

Pour 20 kilogrammes, les erreurs ne peuvent excéder, en plus seulement sur les poids en fer, 10 gr., et sur ceux en cuivre 150 centigrammes.

Pour 10 kilogrammes, les erreurs ne peuvent excéder, en plus seulement sur les poids en fer, 6 gr., et sur ceux en cuivre 80 centigrammes.

Pour 5 kilogrammes, les erreurs ne peuvent excéder, en plus seulement sur les poids en fer, 4 gr., et sur ceux en cuivre 50 centigrammes.

Pour 2 kilogrammes, les erreurs ne peuvent excéder, en plus seulement sur les poids en fer, 2 gr., et sur ceux en cuivre 25 centigrammes.

Pour 1 kilogramme, les erreurs ne peuvent excéder, en plus seulement sur les poids en fer, 1 gr., et sur ceux en cuivre 15 centigrammes.

Pour le demi-kilogramme, les erreurs ne peuvent excéder, en plus seulement sur les poids en fer, 5 décigr., et sur ceux en cuivre 10 centigrammes.

Pour 2 hectogrammes, les erreurs ne peuvent excéder, en plus seulement sur les poids en fer, 3 décigr., et sur ceux en cuivre 5 centigrammes.

Pour 1 hectogramme, les erreurs ne peuvent excéder, en plus seulement sur les poids en fer 2 décigr. et sur ceux en cuivre 3 centigrammes.

Pour 5 décagrammes, les erreurs ne peuvent excéder, en plus seulement sur les poids en fer, 1 décigr. et sur ceux en cuivre 2 centigr. et 5 milligr.

Pour 2 décagrammes, les erreurs ne peuvent excéder, en plus seulement sur les poids en fer o décigramme, et sur ceux en cuivre 2 centigr. et un milligr.

Pour 1 décagramme, les erreurs ne peuvent excéder, en plus seulement sur les poids en fer, o décigr. et sur ceux en cuivre 1 centigr. et 5 milligr.

Pour 5 grammes, les erreurs ne peuvent excéder, en plus seulement sur les poids en fer, o décigr., et sur ceux en cuivre 1 centigramme.

Pour 2 grammes, les erreurs ne peuvent excéder, en plus seulement sur les poids en fer, o décigr., et sur ceux en cuivre 4 milligrammes.

Pour 1 gramme, les erreurs ne peuvent excéder, en plus seulement sur les poids en fer, o décigr., et sur ceux en cuivre 2 milligrammes.

Tableau de plusieurs matières et de leur différence de poids au pied cube de Paris, en livres poids de marc et en kilogrammes, savoir :

DÉSIGNATION des MATIÈRES.	POIDS DU PIED CUBE DE PARIS EN									OBSERVATION.
	Grains de France, dont 9216 font 1 livre poids de marc.	Livres poids de marc.	Onces.	Kilogrammes.	Hectogrammes.	Décagrammes.	Grammes.	Décigrammes.	Centigrammes.	
Le pied cube d'or . . .	12222720	1326	4	649	2	0	7	1	3	Le pied cube de Paris vaut 1728 pouces cubes : ainsi en divisant la valeur du poids d'un pied cube par 1728, on aura le poids d'un pouce cube. Le mètre cube vaut 29 pieds cubes, 1739 dix-millièmes de Paris. Le mètre vaut donc 3 pieds 11 lignes 269 millièmes de Paris.
Idem de vif-argent. . . .	8724096	946	10	463	3	7	8	4	8	
Idem de plomb.	7392384	802	2	392	6	4	4	8	8	
Idem d'argent	6704640	720	12	356	1	1	5	5	0	
Idem de cuivre.	5785344	627	12	307	2	8	7	2	9	
Idem de fer.	4866048	528	»	258	4	5	9	0	9	
Idem d'étain	4756608	516	2	252	6	4	6	2	1	
Idem de marbre blanc . .	1739520	188	12	92	3	9	4	2	3	
Idem de pierre de taille .	1285632	139	8	68	2	8	6	0	6	
Idem d'eau de Seine . . .	642816	69	12	34	1	4	3	0	3	
Idem de vin	630144	68	6	33	4	6	9	9	6	
Idem de cire fondue . . .	610560	66	4	32	4	2	9	7	6	
Idem d'huile	589824	64	»	31	3	2	8	3	5	

D'après le tableau ci-dessus, le pied cube d'eau de Seine pèse 69 livres 12 onces poids de marc, ou 34 kilogr. 1 hectogr. 4 décagr. 3 grammes 0 décigr. et 3 centigr.

Ainsi :

Le pied cube d'or pèse donc 19 fois et $\frac{1}{100}$ plus que le pied d'eau de Seine.

Le pied cube de vif-argent pèse 13 fois et 57 centièmes plus que le pied cube d'eau de Seine.

Le pied cube de plomb pèse 11 fois et 5 dixièmes plus que le pied cube d'eau de Seine.

Le pied cube d'argent pèse 10 fois et 43 centièmes plus que le pied cube d'eau de Seine.

Le pied cube de cuivre pèse 9 fois plus que le pied cube d'eau de Seine.

Le pied cube de fer pèse 7 fois et 57 centièmes plus que le pied cube d'eau de Seine.

Le pied cube d'étain pèse 7 fois et 40 centièmes plus que le pied cube d'eau de Seine.

Le pied cube de marbre blanc pèse 2 fois et 71 centièmes plus que le pied cube d'eau de Seine.

Le pied cube de pierre de taille pèse 2 fois plus que le pied cube d'eau de Seine.

Le pied cube de vin pèse 6 hectogrammes 7 décagrammes 3 grammes et 1 décigramme moins que le pied cube d'eau de Seine.

Le pied cube de cire fondue pèse 1 kilogramme 7 hectogrammes 1 décagramme 3 grammes et 3 décigrammes moins que le pied cube d'eau de Seine.

Et le pied cube d'huile pèse 2 kilogrammes 8 hectogrammes 4 décagrammes et 7 décigrammes moins que le pied cube d'eau de Seine.

CHAPITRE DEUXIÈME.

DOUZIÈME LEÇON.

Système monétaire français.

Demande. QUELLES étaient les anciennes monnaies de France ?

Réponse. Il y en avait de 4 espèces, savoir : les monnaies d'*or*, d'*argent*, de *billon* et de *cuivre*.

D. Quelle valeur avaient les pièces d'or, et comment les appelait-on ?

R. 1°. Les doubles louis d'or qui valaient 48 livres tournois.

2°. Les louis d'or simples qui valaient 24 livres tournois.

Et 3°. Les demi-louis d'or simples qui valaient 12 livres tournois. (Ces derniers étaient rares.)

D. Quelle valeur avaient les pièces d'argent, et comment les appelait-on ?

R. Écu d'argent de 6 livres tournois, écu d'argent de 3 livres tournois, pièce de 24 sous, de 12 sous et 6 sous tournois.

D. Quelle valeur avaient les pièces dites de billon, et comment les appelait-on ?

R. Pièces de 2 sous et de 6 liards; ces dernières étaient de 18 deniers tournois.

D. Quelle valeur avaient les pièces en cuivre, et comment les appelait-on ?

R. Sou, 2 liards, liard et denier tournois.

D. Pourquoi les appelait-on livres *tournois*, sous *tournois* et deniers *tournois* ?

R. Parce qu'ils étaient fabriqués à Tours, et pour les distinguer des livres *parisis*, sous *parisis* et deniers *parisis*. La livre parisis valait 25 sous tournois, le sous parisis 5 liards tournois, ce qui portait le sou parisis à 15 deniers tournois.

D. Quelle valeur ont en francs les pièces d'or de 48 et 24 livres tournois ?

R. D'après le décret du 12 septembre 1810, les doubles louis valent 47 francs 20 centimes, les louis simples de 24 livres valent 23 francs 55 centimes.

D. Quelle valeur ont en francs les pièces d'argent de 6 livres, de 3 livres, de 24 sous, de 12 sous et 6 sous tournois ?

R. Par le même décret ci-dessus, la pièce de 6 livres vaut 5 francs 80 centimes, la pièce de 3 livres vaut 2 francs 75 centimes.

Les pièces de 30 sous, 24 sous, 15 sous, 12 sous et 6 sous, valent, savoir : « Celle de 30 sous 1 franc 50 centimes, celle de 24 sous 1 franc, celle de 15 sous 75 centimes, celle de 12 sous 50 centimes, et celle de 6 sous 25 centimes. Les pièces de 30 sous et de 15 sous ne pourront entrer dans les payemens que pour les appoints au-dessous de 5 francs. » (*Art.* 3 *dudit décret.*)

Les sous de cuivre ancien sont pris pour 5 et 10 centimes.

D. Quelles sont les nouvelles monnaies de France ?

R. Les pièces d'or de 100 fr., de 40 fr., de 20 fr. et 10 fr.

Les pièces d'argent de 5 fr., 2 fr., 1 fr., 1/2 fr. et 1/4 fr.

Les pièces de billon de 10 cent. et celles de 6 liards, dont deux font 15 cent.

Les pièces de cuivre de 10 cent., 5 cent. et 1 cent.

D'après la loi du 9 germinal an 11, il devait y avoir en circulation des pièces d'argent de 3/4 de franc au titre de 900/1000, et des pièces de cuivre de 2 et 3 cent., elles n'ont point été fabriquées en France, mais bien en Italie.

D. Quel était le rapport de la livre tournois au franc, et du franc à la livre tournois avant le decret du 12 septembre 1810 ?

R. Le rapport était de 81 à 80, et de 80 à 81, c'est-à-dire, que 81 livres tournois faisaient 80 francs, comme 80 francs faisaient 81 livres tournois.

D. D'après le décret ci-dessus, ce rapport devient donc inutile?

R. Oui, attendu que toutes les anciennes pièces d'or, d'argent, de billon et de cuivre, sont tarifiées en francs et centimes, comme on l'a vu ci-derrière.

D. Si cependant on voulait faire le rapport de 81 à 80, en donnant soit 100 pièces de 6 livres pour 600 livres tournois, qu'en résulterait-il?

R. Il résulterait de cette proportion, que celui qui donnerait les 100 pièces de 6 livres pour 600 livres tournois à raison de 81 livres tournois pour 80 francs, perdrait 12 francs 59 centimes, attendu que d'après le rapport de 81 à 80, les 600 livres donnent 592 francs 59 centimes, et que, d'après la fixation de l'écu de 6 livres à 5 francs 80 centimes, les 100 pièces de 6 livres ne valent que 580 francs, et celui qui recevrait 580 francs d'après la proportion de 80 à 81 perdrait 12 livres 15 sous, puisqu'il ne recevrait que 587 livres 5 sous tournois au lieu de 600 livres tournois; de même que celui qui donnerait 200 écus de 3 livres tournois pour 600 livres tournois à raison de 81 livres pour 80 francs, perdrait 42 francs 59 centimes, puisque, d'après le rapport de 81 à 80, les 200 pièces de 3 livres ou 600 livres, donnent 592 francs 59 centimes, et que d'après la fixation de l'écu de 3 livres à 2 fr. 75 centimes, les 200 écus ne valent que 550 francs, et celui qui recevrait 550 livres pour 200 écus de 3 livres tournois, d'après la proportion de 80 à 81, perdrait 43 francs 2 sous 6 deniers, puisqu'il ne recevrait que 556 livres 17 sous 6 deniers tournois, au lieu de 600 livres tournois.

D. Quelle opération faut-il donc faire pour trouver la valeur en francs d'une quantité de pièces d'or et d'argent anciennes?

R. Il suffit de multiplier la valeur de la pièce tarifiée par le nombre de pièces; ainsi, pour convertir les louis anciens de 48 livres tournois en francs, il faut multiplier le nombre invariable 47,20 (valeur nouvelle du double louis) par la quantité de louis de 48 livres à convertir en francs: le produit de la multiplication et de l'addition sera des francs après avoir retranché 2 chiffres sur la droite; les 2 chiffres après la virgule seront des centimes.

Pour convertir les écus de 6 livres tournois en francs, il faut multiplier le nombre invariable 5,80 (valeur nouvelle de l'écu de 6 livres) par la quantité de pièces de 6 livres: le produit de la multiplication et de l'adition sera des francs apres avoir retranché 2 chiffres sur la droite: les 2 chiffres après la virgule seront des centimes.

Pour convertir les écus de 3 livres tournois en francs, il faut multiplier le nombre invariable 2,75 (valeur nouvelle de l'écu de 3 livres) par la quantité de pièces de 3 livres: le produit de la multiplication et de l'addition sera des francs après avoir retranché 2 chiffres sur la droite; les 2 chiffres après la virgule seront des centimes.

Pour comvertir les pièces de 30 sous en francs, il faut multiplier le nombre invariable 1,50 (valeur de la pièce) par le nombre de pièces à convertir: le produit de la multiplication et de l'addition sera des francs après avoir retranché 2 chiffres sur la droite; les 2 chiffres après la virgule seront des centimes.

Pour convertir les pièces de 15 sous en francs, il faut multiplier le nombre invariable 75 (valeur de la pièce) par le nombre de pièces de 15 sous à convertir: le produit de la multiplication et de l'addition sera des francs après avoir retranché 2 chiffres sur la droite; les 2 chiffres après la virgule seront des centimes.

Pour convertir les pièces de 24 sous en francs, il suffit de compter le nombre de pièces qui sont autant de francs, la pièce de 24 sous valant 1 franc.

Pour convertir les pièces de 12 sous en francs, il suffit de compter le nombre de pièces et d'en prendre la moitié pour avoir des francs, les pièces de 12 sous ne valant qu'un demi franc ou 50 centimes.

Pour convertir les pièces de 6 sous en francs, il suffit d'en compter 4 pour 1 franc, la pièce de 6 sous ne valant que un quart de franc ou 25 centimes.

D. Quelle est la valeur, le poids et le titre des nouvelles monnaies de France? (Voir le tableau ci derrière)

Tableau de la valeur, du poids et du titre des monnaies françaises.

VALEUR DE LA PIÈCE.	POIDS En Grammes, Milliémes et Cent-Milliém.	TITRE.	DÉSIGNATION DE LA MATIÈRE.	OBSERVATIONS.
100f	Gr. Mill. 32, 258	900\1000	Or.	Ordonnance de Louis-Philippe Ier., du 8 novembre 1830.
40	C. M. 12, 90322	900\1000	Or.	Loi du 7 germinal an 11.
20	6, 45161	900\1000	Or.	*Idem.* *Idem.*
10	D. Mill. 3, 2258	900\1000	Or.	Ordonnance de Louis-Philippe Ier., du 8 novembre 1830.
5	25, »	900\1000	Argent	Loi du 28 thermidor an 3.
2	10, »	900\1000	Argent.	*Idem.* *Idem.*
1	5, »	900\1000	Argent.	*Idem.* *Idem.*
1\2	2, 500	900\1000	Argent.	*Idem.* *Idem.*
1\4	1, 250	900\1000	Argent.	*Idem.* *Idem.*
1f. 50c.	» »	669\1000	Argent mauvais.	Lois des 28 juillet et 18 août 1791. } Le poids de ces pièces n'est pas fixé.
75	» »	669\1000	Argent mauvais.	*Idem.* *Idem.*
10	2, »	200\1000	Billon.	Loi du 15 septembre 1807.
10	» »	» »	Cuivre.	Le poids de cette pièce n'est pas fixé.
7 1\2	» »	» »	Billon.	Dite pièce de 6 liards dont 2 font 15 centimes.
5	» »	» »	Cuivre.	Le poids n'est pas fixé.
1.	2, »	» »	Cuivre.	Loi du 3 brumaire an VII.

NOTA. On n'a pas compris, dans le présent tableau, les anciennes monnaies d'or et d'argent, attendu qu'elles doivent être démonétisées. D'après le décret du 12 septembre 1810, les pièces de 48 et 24 livres tournois seront reçues au poids, au change des monnaies, à raison de 3094 francs 43 centimes le kilogramme. (Article 2 dudit décret.)

Par le même décret ci-dessus, les pièces de 6 livres tournois seront reçues au poids, au change des monnaies, à raison de 198 francs 31 centimes le kilogramme. (Article 2 du même décret.)

D. Que remarquez-vous par le tableau relativement à l'or?

R. Je remarque que les nouvelles pièces d'or sont au même titre, leur valeur est en raison du poids. Le kilogramme est de 1000 grammes, le kilogramme d'or est de 3100 francs sans retenue: ainsi, 31 pièces de 100 francs pèsent 1 kilogramme, 77 pièces de 40 francs et 1 de 20 francs font le kilogramme; 155 pièces de 20 francs valent 1 kilogramme, et 310 pièces de 10 francs pèsent 1 kilogramme; 32 pièces de 40 francs et 8 de 20 francs, mises à côté l'une de l'autre, font la longueur du mètre, ou 34 de 20 francs et 11 de 40 francs font également la longueur du mètre.

D. Pouvez-vous prouver que ce que vous avancez est juste?

R. Oui, les pièces de 40 francs ont 26 millimètres de diamètre, et celles de 20 francs 21 millimètres:

ainsi 32 pièces de 40 francs font 832 millimètres.
et 8 pièces de 20 francs font 168 millimètres.

Total .... 1000 millimètres ou 1 mètre.

D. Que remarquez-vous d'après ledit tableau, relativement aux nouvelles monnaies d'argent?

R. Je vois qu'elles sont au même titre, leur valeur est en raison du poids. Le kilogramme d'argent vaut 200 francs sans retenue; ainsi, 40 pièces de 5 francs pèsent 1 kilogramme, 100 pièces de 2 francs font le kilogramme, 200 pièces de 1 franc font le kilogramme, 400 pièces de $\frac{1}{2}$ franc pèsent 1 kilogramme, et 800 pièces de $\frac{1}{4}$ de franc font le kilogramme.

Circonférence intérieure du 1/4 de Litre.

Capacité 12 pouces cubes
6031 dix millièmes de pouce cube

Diamètre intérieur, 54 millimètres 9/100.

ou 2 pouces 025 millièmes de Pouce de Paris

Forme Cylindrique.

Profondeur intérieure du 1/4 de Litre 10 centimètres 8 millimètres et 39/100.

ou profondeur intérieure du 1/4 de Litre 4 pouces 05 centièmes de pouce de Paris.

Circonférence intérieure du 1/8 de Litre.

Capacité 6 pouces cubes
et 3/10 de pouce cube

Diamètre intérieur. 43 Millimètres.

ou 19 lignes 06/100 1/4 de ligne.

Forme Cylindrique.

Profondeur intérieure du 8me de Litre 86 millimètres.

ou profondeur intérieure du 8me de Litre 3 pouces 2 lignes et 3/8 de lig.

Circonférence intérieure du 1/16 de Litre

Capacité 3 pouces
cubes 15/100

Diamre int. 3 cent. 4 mill. 17/100

ou 1 pouce 3 lignes 15/100

Forme Cylindrique.

Profondeur intérieure du 1/16 de Litre 68 mill. 35/100

ou profondeur intérieure du 1/16 de Litre 2 p. 6 lig. 3/10

S. Perier.

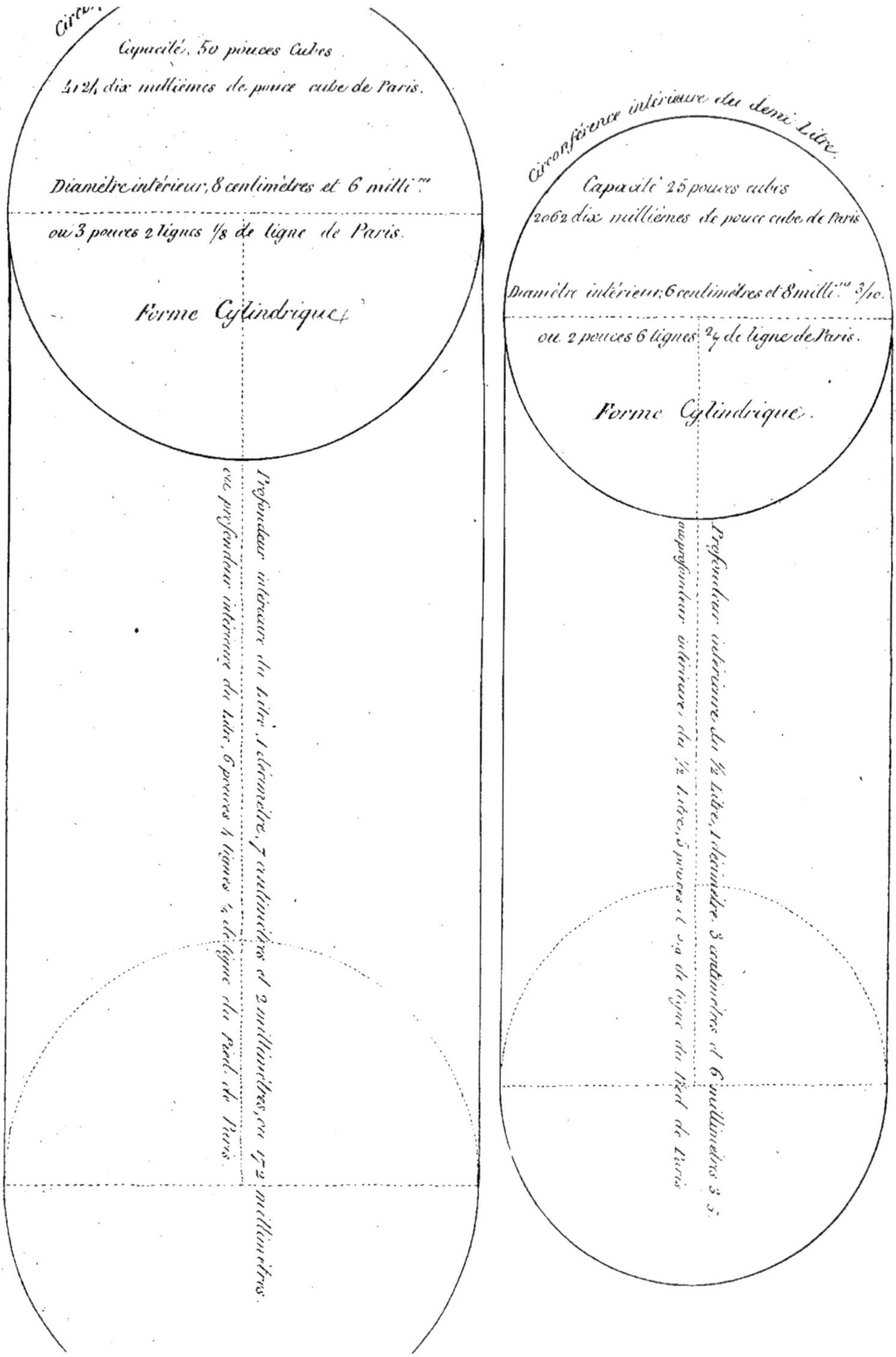

Circ…

Capacité, 50 pouces Cubes
4124 dix millièmes de pouce cube de Paris.

Diamètre intérieur, 8 centimètres et 6 milli.^{mes}

ou 3 pouces 2 lignes 1/8 de ligne de Paris.

Forme Cylindrique.

Profondeur intérieure du Litre, 1 décimètre, 7 centimètres et 2 millimètres, ou 172 millimètres.

ou profondeur intérieure du Litre, 6 pouces 4 lignes ¼ de ligne du Pied de Paris.

Circonférence intérieure du demi Litre.

Capacité 25 pouces cubes
2062 dix millièmes de pouce cube de Paris

Diamètre intérieur, 6 centimètres et 8 milli.^{mes} 3/10.

ou 2 pouces 6 lignes 2/4 de ligne de Paris.

Forme Cylindrique.

Profondeur intérieure du ½ Litre, 1 décimètre 3 centimètres et 6 millimètres 3/5.

ou profondeur intérieure du ½ Litre, 5 pouces et [illegible] de ligne du Pied de Paris

Décimètre (10.ème partie du mètre), 100 millionième partie du quart du méridien, ou 3 pouces 8 lignes $\frac{1}{3}$, ou 44 lignes 3296 dix millièmes de ligne de Paris.

DÉCIMÈTRE.

1 Centimètre.	2 Centimètres.	3 Centimètres.	4 Centimètres.	5 Centimètres.	6 Centimètres.	7 Centimètres.	8 Centimètres.	9 Centimètres.	10 Centimètres.
10 Millimètres.	20 Millimètres.	30 Millimètres.	40 Millimètres.	50 Millimètres.	60 Millimètres.	70 Millimètres.	80 Millimètres	90 Millimètres.	100 Millimètres

Demi-pied de Paris, ou 6 pouces, ou 72 lignes, ou enfin 1 décimètre et 62 millimètres.

1 Pouce.	2 Pouces.	3 Pouces.	4 Pouces.	5 Pouces.	6 Pouces.
12 Lignes.	24 Lignes.	36 Lignes.	48 Lignes.	60 Lignes.	72 Lignes.

8.ème Partie de l'aune de Paris de 524 lignes, (celle qui servait à régler le rapport des mesures étrangères) 5 pouces 5 lignes ½, ou 1 décimètre 4 centimètres et 8 millimètres, ou 1 décimètre et 48 millimètres, ou 148 millimètres.

1 Centimètre	2 Centimètres.	3 Centimètres.	4 Centimètres	5 Centimètres	6 Centimètres.	7 Centimètres	8 Centimètres	9 Centimètres	10 Centimètres	11 Centimètres	12 Centimètres	13 Centimètres	14 Centimètres	8 Centimètres.
10. Millimètres.	20 Millimètres.	30 Millimètres	40 Millimètres.	50 Millimètres.	60 Millimètres.	70 Millimètres.	80 Millimètres.	90 Millimètres.	100 Millimètres	110 Millimètres.	120 Millimètres.	130 Millimètres.	140 Millimètres.	148 Millimètres

8.ème partie de l'aune de Paris étalonnée 1 mètre et 20 centimètres (celle dont les marchands font usage pour le détail) 5 pouces 6 lignes ½, ou 66 lignes ½ ou 1 décimètre 5 centimètres ou 150 millimètres.

1 Centimètre	2 Centimètres	3 Centimètres	4 Centimètres	5 Centimètres	6 Centimètres	7 Centimètres	8 Centimètres	9 Centimètres	10 Centimètres	11 Centimètres	12 Centimètres	13 Centimètres	14 Centimètres	15. Centimètres
10 Millimètres	20 Millimètres	30 Millimètres.	40 Millimètres	50 Millimètres.	60 Millimètres	70 Millimètres	80 Millimètres	90 Millimètres	100 Millimètres	110 Millimètres	120 Millimètres	130 Millimètres.	140. Millimètres	150 Millimètres.

S. Porter

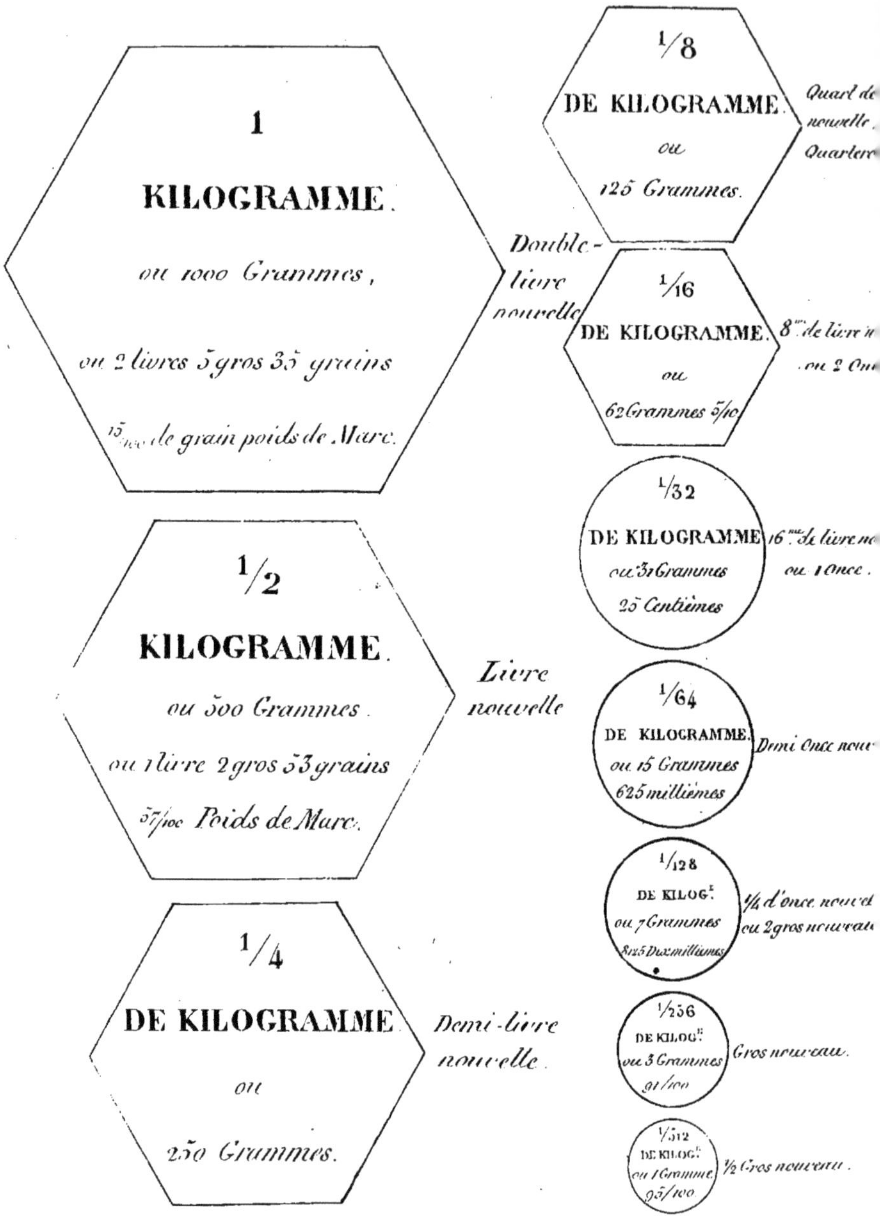

1

KILOGRAMME.

ou 1000 Grammes,

ou 2 livres 5 gros 35 grains

15/100 de grain poids de Marc.

Double-livre nouvelle

1/2

KILOGRAMME.

ou 500 Grammes.

ou 1 livre 2 gros 53 grains

57/100 Poids de Marc.

Livre nouvelle

1/4

DE KILOGRAMME

ou

250 Grammes.

Demi-livre nouvelle.

1/8

DE KILOGRAMME.

ou

125 Grammes.

Quart de nouvelle, Quarteron

1/16

DE KILOGRAMME.

ou

62 Grammes 5/10

8me de livre n ou 2 On

1/32

DE KILOGRAMME

ou 31 Grammes

25 Centièmes

16me de livre n ou 1 Once.

1/64

DE KILOGRAMME.

ou 15 Grammes

625 millièmes

Demi Once nouv

1/128

DE KILOG.^e

ou 7 Grammes

8125 Dixmillièmes

1/4 d'once nouvel ou 2 gros nouveau

1/256

DE KILOG.^e

ou 3 Grammes

91/100

Gros nouveau.

1/512

DE KILOG.^e

ou 1 Gramme

95/100

1/2 Gros nouveau.

S Poste

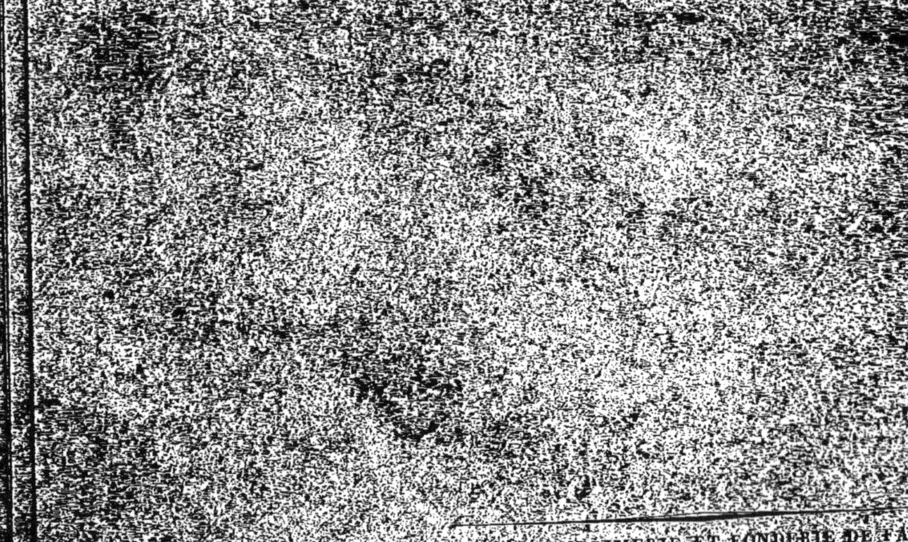

PARIS. — IMPRIMERIE ET FONDERIE DE FAIN,
RUE RACINE, N° 4, PLACE DE L'ODÉON.

D. Quel est le titre ou l'alliage des nouvelles monnaies d'or et d'argent ?

R. L'or et l'argent sont au titre de 900 millièmes, c'est-à-dire, qu'elles sont composées de 900 millièmes de fin, et de 100 millièmes d'alliage. Les pièces de 10 centimes de billon sont au titre de 200 millièmes, c'est-à-dire, qu'elles sont composées de 200 millièmes de fin, et 800 millièmes d'alliage. Les pièces de 30 sous et de 15 sous sont au titre de 669 millièmes 68 centièmes de millièmes. (*Lois des* 28 *juillet et* 18 *août* 1791.)

D. Quelle est la tolérance de poids sur les monnaies de cuivre, de billon, d'argent et d'or ?

R. La loi du 7 germinal an 11 tolère sur les monnaies de cuivre, 1 cinquantième en dehors ; sur les monnaies de billon, $\frac{14}{1000}$ moitié en dedans et moitié en dehors ; sur les monnaies d'argent elle tolère $\frac{20}{1000}$ pour les quarts de francs ; $\frac{14}{1000}$ pour les demi et trois quarts de francs ; $\frac{10}{1000}$ pour les francs et 2 francs, et $\frac{6}{1000}$ pour les 5 francs moitié en dehors et moitié en dedans, et pour les monnaies d'or elle tolère $\frac{4}{1000}$ moitié en dedans et moitié en dehors.

D. Quel est le rapport du cuivre à l'argent et à l'or, de l'argent à l'or et au cuivre, et du billon au cuivre, à l'argent et à l'or ?

R. Cinq francs de monnaie de cuivre pèsent 1 kilogramme.

Cinquante francs de monnaie de billon pèsent 1 kilogramme.

Deux cents francs de monnaie d'argent pèsent 1 kilogramme.

Trois mille cent francs d'or, ou 155 pièces de 20 francs, pèsent 1 kilogramme.

Quarante kilogrammes de cuivre monnayé valent 1 kilogramme d'argent monnayé, ou 200 francs.

Dix kilogrammes de cuivre monnayé valent 1 kilogramme de billon monnayé, ou 50 francs.

Six cent vingt kilogrammes de cuivre monnayé valent 1 kilogramme d'or monnayé, ou 3100 francs.

Quatre kilogrammes de billon monnayé valent 1 kilogramme d'argent monnayé, ou 200 francs.

Quinze $\frac{1}{2}$ kilogrammes d'argent monnayé valent 1 kilogramme d'or monnayé, ou 3100 francs.

Soixante-deux kilogrammes de billon monnayé valent 1 kilogramme d'or monnayé, ou 3100 francs.

D. Que résulte-t-il des comparaisons ci-dessus ?

R. Il résulte que le rapport du cuivre à l'argent est de 1 à 40, et celui de l'argent à l'or de 1 à 15 $\frac{1}{2}$; le billon avec le cuivre est dans le rapport de 10 à 1, et avec l'argent de 1 à 4. Le rapport du cuivre à l'or est de 1 à 620, et celui de l'or au billon de 1 à 62.

D. Quel avantage a le nouveau système monétaire français ?

R. Il a celui incontestable d'abréger considérablement tous les calculs : les monnaies, d'après leurs divisions et leurs poids, peuvent servir aussi de poids pour vendre, acheter et même les vérifier, étant des parties de toutes leurs valeurs.

FIN.

ARRÊTÉ

DE SON EXCELLENCE LE MINISTRE DE L'INTÉRIEUR.

Suppressions des fractions décimales des poids et mesures, dans le commerce en détail.

Le ministre secrétaire d'état au département de l'intérieur,

Ayant reconnu, d'après les informations transmises par la plupart des préfets, que beaucoup de fraudes et d'abus se commettent dans le commerce de détail, au moyen de la faculté qui a été laissée aux marchands de conserver les fractions décimales des mesures et des poids, concurremment avec les mesures et les poids usuels, établis par l'arrêté du ministre de l'intérieur du 28 mars 1812, et en exécution du décret du 12 février précédent;

Vu le décret du 12 février 1812;

Vu l'arrêté du ministre de l'intérieur du 28 mars suivant qui en règle provisoirement l'exécution;

Après avoir pris les ordres du roi,

Arrête ce qui suit:

Article premier. A compter du jour de la publication du présent arrêté, les marchandises et denrées, de quelque nature et qualité que ce soit, qui se vendent à la mesure ou aux poids, ne pourront être vendues, en détail, qu'aux mesures et aux poids usuels.

Art. II. Il est, en conséquence, expressément défendu aux marchands en détail, quel que soit le genre de leur commerce ou profession, de conserver en évidence, dans leurs boutiques, sur leurs comptoirs ou étaux, les fractions décimales des mesures et des poids, et de s'en servir pour mesurer ou pour peser les marchandises ou denrées qu'ils débiteront.

Art. III. Les marchands, fabricans, commissionnaires et autres, qui font le commerce en gros, mais qui exercent en même temps le commerce de détail, sont assujettis aux dispositions des articles précédens en ce qui concerne ce dernier genre de commerce.

Art. IV. Les contraventions à ces dispositions seront punies des peines portées par l'article 479 du Code pénal.

Art. V. L'arrêté du 28 mars 1812, ainsi que les autres règlemens concernant l'uniformité des mesures, continueront d'être exécutés en tout ce qui n'est pas contraire aux dispositions des articles précédens.

Art. VI. Le présent arrêté sera envoyé aux préfets, qui sont chargés de le faire exécuter immédiatement.

Fait à Paris, le 21 février 1816.

Signé VAUBLANC.
Pour copie conforme:
Le secrétaire général de la préfecture de police,
Signé Fortis.

ORDONNANCE.

Paris, le 18 mars 1816.

Nous ministre d'état, préfet de police,

Vu l'arrêté de S. Exc. le ministre secrétaire d'état au département de l'intérieur, en date du 21 février dernier, et relatif à l'emploi des poids et mesures dans le commerce en détail;

Vu aussi le décret du 12 février 1812, concernant l'uniformité des poids et mesures, et l'arrêté de S. Exc. le ministre de l'intérieur du 28 mars suivant, pour l'exécution de ce décret;

L'ordonnance de police du 2 juillet 1812, concernant l'émission des mesures et poids usuels;

La décision de S. Exc. le ministre de l'intérieur du 12 octobre suivant;

Les art. 2 et 26 de l'arrêté du gouvernement du 12 messidor an 8, et l'art. premier de l'arrêté du 3 brumaire an 9;

Ordonnons ce qui suit :

Article premier. L'arrêté pris le 21 février dernier par S. Exc. le ministre secrétaire d'état au département de l'intérieur, relativement à l'emploi des poids et mesures dans le commerce en détail, sera imprimé, publié et affiché avec la présente ordonnance.

Art. II. Conformément à l'art. 2 de l'arrêté précité, les marchands en détail ne pourront plus faire usage, dans leur commerce, des fractions décimales des poids et mesures, quand bien même les uns et les autres auraient été revêtus du poinçon de la présente année, et il leur est défendu de les conserver dans leurs magasins et boutiques, et sur leurs comptoirs ou étaux.

Art. III. Ils seront tenus d'employer exclusivement, dans leur commerce, les poids et mesures déjà en émission en vertu du décret du 12 février 1812, savoir :

1°. Pour le débit des bois à œuvrer, matériaux et autres objets de construction, *la toise* (égale à deux mètres), *et le pied* (égal à un tiers de mètre).

2°. Pour la vente des toiles, étoffes et autres tissus, *l'aune* (égale à 12 décimètres), divisé en demi, quart, huitième, seizième et trente-deuxième, ainsi qu'en tiers, sixième, douzième et vingt-quatrième.

3°. Pour la vente du charbon de bois, des grains et autres matières sèches, *le double boisseau, le boisseau, le demi-boisseau et le quart de boisseau* (égaux à un quart, un huitième, un seizième et un trente-deuxième d'hectolitre).

4°. Pour la vente des graines, grenailles, farines, fruits et légumes secs ou verts, du lait, du vin, de l'eau-de-vie et autres boissons ou liqueurs, *le litre, le demi, le quart, le huitième et le seizième de litre.*

5°. Pour celle des marchandises qui se vendent au poids, *la livre* (égale au demi-kilogramme), *la demi-livre, le quart de livre ou quarteron, l'once, la demi-once, le quart d'once ou deux gros, et le gros* qui se divise en soixante-douze grains.

6°. Et pour la vente de l'huile en détail, les mesures représentatives de la livre, la demi-livre, le quarteron, le demi-quarteron, l'once et la demi-once.

Art. IV. Les dispositions de l'art. 3 de l'arrêté précité ne seront applicables aux marchands, fabricans, commissionnaires, et autres faisant le commerce en détail, que pour ce dernier genre de commerce.

Art. V. Les balanciers sont autorisés à fabriquer et vendre des poids de *deux, quatre, six, huit* et *dix livres*, réprésentant un, deux, trois, quatre et cinq kilogrammes, et les marchands sont autorisés à s'en servir.

Art. VI. L'ordonnance de police du 2 juillet 1812 continuera d'être exécutée en tout ce qui n'est pas contraire aux dispositions de la présente.

Art. VII. Les contraventions seront constatées par des procès-verbaux qui nous seront transmis.

Art. VIII. Il sera pris envers les contrevenans telles mesures de *police administrative* qu'il appartiendra, sans préjudice des poursuites à exercer contre eux devant les tribunaux.

Art. IX. Les sous-préfets des arrondissements de Saint-Denis et de Sceau, les maires des communes rurales du ressort de la préfecture de police, les commissaires de police, l'inspecteur général de police, les officiers de paix, l'inspecteur général de la navigation et des ports, le contrôleur ambulant du recensement et du mesurage des bois et charbons, le commissaire inspecteur général des halles et marchés, le contrôleur de la halle aux grains et farines, les inspecteurs des poids et mesures, et les préposés de la préfecture de police, sont chargés de tenir la main à l'exécution de l'arrêté de Son Exc. le ministre de l'intérieur du 21 février dernier, et de la présente ordonnance.

Le ministre d'état, préfet de police,
Signé, comte ANGLÈS.
Par Son Exellence :
Le secrétaire général, signé Fortis.

TABLE ANALYTIQUE DES MATIÈRES.

FIN DE LA TABLE.

www.ingramcontent.com/pod-product-compliance
Ingram Content Group UK Ltd.
Pitfield, Milton Keynes, MK11 3LW, UK
UKHW021018200726
13857UKWH00004B/1489

9 782012 885615